3ds max 2010 中文版实训教程

主 编 张聪品

副主编 靳瑞霞 许小荣 杨 馨

电子工业出版社.

Publishing House of Electronics Industry

北京·BEIJING

内 容 简 介

3ds max 是当今运行在 PC 机上最畅销的三维动画和建模软件,为影视和广告制作人员提供了强有力的工具。而 3ds max 2010 是 Autodesk 公司目前推出的最新版本。本书是针对 3ds max 2010 的基础应用而编写的一本入门级教程。

本书共分 12 章,主要内容包括:3ds max 2010 简介、基础操作、创建基本对象、编辑和修改对象、高级建模方法、材质与贴图、灯光与摄影机、环境设置、动画制作和粒子系统等。细致讲解了 3ds max 2010 的各个功能的使用方法与技巧,并提供了大量三维造型和动画设计的实例,手把手帮助用户学习 3ds max 2010 的使用。

全书内容翔实,实例丰富,可作为三维设计与制作人员、大中专院校相关专业师生、培训班、三维设计爱好者及自学者的教材和参考用书。

图书在版编目(CIP)数据

3ds max 2010 中文版实训教程 / 张聪品主编. —北京 : 电子工业出版社,2010.4

ISBN 978-7-121-10584-5

Ⅰ. ①3… Ⅱ. ①张… Ⅲ. ①三维—动画—图形软件,3ds max 2010—教材 Ⅳ. ①TP391.41

中国版本图书馆 CIP 数据核字(2010)第 050456 号

策划编辑: 祁玉芹
责任编辑: 鄂卫华
印　　刷: 北京市天竺颖华印刷厂
装　　订: 三河市鑫金马印装有限公司
出版发行: 电子工业出版社
　　　　　北京市海淀区万寿路 173 信箱　邮编 100036
开　　本: 787×1092　1/16　印张: 18　字数: 438 千字
印　　次: 2010 年 4 月第 1 次印刷
定　　价: 29.80 元

出 版 说 明

计算机技术的飞速发展，把人类社会推进到了一个崭新的时代。计算机作为常用的现代化工具，正极大地改变着人们的经济活动、社会生活和工作方式，给人们的工作、学习和娱乐等带来了极大的方便和乐趣。新时代的每一个人都应当了解计算机，学会使用计算机，并能够用它来获得知识和处理所面临的事务。因此，掌握计算机的基础知识及操作技能，是每一个现代人所必须具有的基本素质。

学习计算机知识有两种不同的方法：一种是从原理和理论入手，注重理论和概念，侧重知识学习；另一种是从实际应用入手，注重计算机的应用方法和使用技能，把计算机看做一种工具，侧重于熟练地掌握和应用它。从教学实践中我们知道，第一种方法适用于计算机专业的学科式教学，而对于大多数人来讲，计算机只是一种需要熟练掌握的工具，学习计算机知识是为了应用它，应该以应用为出发点。特别是非计算机专业的职业院校的学生，更应该采用后一种学习方式。

为此，电子工业出版社组织了强大的编辑策划队伍和优秀的、富有丰富写作经验的作者队伍组成编委会，进行了系统的市场分析、技术分析和读者学习特点分析，并根据分析结果认真筛选出版题目，制定了严格的出版计划、写作结构和写作要求，开发出这套用于培养初学者计算机应用技能的《新时代电脑教育丛书》。

本丛书是为初学电脑或仅有少量电脑知识的电脑初学者编写的，目标是帮助读者增长知识、提高技能、增加就业机会，并提高业务技能。因此，本丛书在编写时基于这样一种理念，即检查计算机学习好坏的主要标准，不是"知道不知道"，而是"会用不会用"。为此，本丛书的核心内容主要不是向广大读者讲述"计算机有哪些功能，可以做些什么"，而是着重介绍"如何利用计算机来高效、高质量地完成特定的工作任务"。

为了帮助初学者快速掌握电脑的使用技能，掌握电脑系统及其软件的最常用、最关键的部分，本丛书在基础和理论知识的安排上以"必需、够用"为原则，每本书中的所有理论知识介绍均以实际应用中是否需要为取舍原则，以能够达到应用目标为技术深度控制的标准，尽量避免冗长乏味的电脑历史或深层原理的介绍；而真正的重心在于培养读者的实用技能——即采用"技能驱动"的写作方案，强调实际技能的培养和实用方法的学习，重点突出学习中的动手实践环节。鉴于此，本丛书在基础知识和理论讲述之后，安排了大量的动手实践任务和实训项目，这些任务和项目不是对基础知识的简单验证，而是针对实际应用安排的，具有总结性，是对知识运用的升华和扩展，是技能学习和掌握的完美体现。完成了这些实训项目，就能够熟练掌握一种技能，对知识有充分的理解。希望能够帮助初学者达到学有所得、学有所用、学有所获，从学习的过程中得到使用电脑的真才实学；并在重视实用和实例的前提下，注意方法和思路，帮助读者举一反三地解决同类问题，而不是简单地就事论事。

总的来说，本丛书既有明确的学习目标，又有完成具体任务所必需的基础理论知识，更有步骤具体的实践操作实例。读者应该边学边做，通过动手理解和掌握理论知识，并在实践操作的基础上进行归纳、总结、思考，上升到一般规律，从感性到理性，以真正融会贯通。本丛书中提供的一些特色段落，有助于读者快速掌握操作技巧，减少或避免错误，提升学习效率；并为读者提供了深入学习的资料和信息，使其知识和能力得到进一步的拓展和提高。

为了方便采用本丛书作为教材的各类学校开展教学活动，我们将为老师免费提供与教材配套的电子课件及相关素材。希望本丛书能够成为职业院校对学生进行综合应用技能培养的教与学两相宜的教材，也希望能够成为计算机爱好者的良师益友！

电子工业出版社

前　言

　　3ds max 是目前市场上最流行的三维造型和动画制作软件之一，也是当前世界上销售量最大的三维建模、动画及渲染解决方案之一。在当今的数字化时代，3ds max 2010 为用户提供了极为强大的三维制作解决方案，在诸如建筑、工业机械设计、电影特效制作等方面，为人们提供了完善的三维制作和实现引擎。因此，能够学习并能熟练掌握 3ds max 工具成为了许多人完成梦想的阶梯。

　　3ds max 2010 是 3ds max 系列的最新版本，其功能更加强大。Autodesk 将 3ds max 最为重点的更新放在了提高软件执行效率方面，现在 3ds max 2010 引进了整套石墨建模工具，使得多边形建模工具得到了飞跃式的增强，此外还有窗口实时显示增强、Review 3 的引入、xView Mesh Analyzer 模型分析工具和超级优化修改器、更强大的场景管理、与其他软件整合能力等共约 350 项的改进与增强。

　　本书是针对 3ds max 2010 的基础应用而编写的一本入门级教程。全书依照自学的规律，首先介绍基本概念和基本操作，在读者掌握了这些基本概念和基本操作的基础上，再对内容进行深入地讲解，并配合数量众多的案例对各种操作和技术进行实战讲解，整个讲解过程严格遵循由浅入深的原则。

　　本书按照 3ds max 2010 内在的联系将各种工具、命令和命令面板交织编排在一起，对理解和掌握 3ds max 2010 有很大帮助。本书提供了大量三维造型和动画设计的实例，可以让读者在掌握基本概念和基本操作的过程中，开阔自己的思路，并能学到一些制作技巧。

　　全书共分 12 章，第 1 章到第 11 章主要内容包括：3ds max 2010 软件的基本概述、基本操作、基本对象的创建、对象的修改和编辑、高级建模方法、材质与贴图编辑、灯光与摄影机、环境设置、动画制作与处理，以及粒子系统与空间扭曲等，细致讲解了 3ds max 2010 的各个功能的使用方法与技巧，并提供了三维造型和动画设计的实例。第 12 章通过一个综合实例，说明 3ds max 2010 在效果图设计方面的应用，可使读者掌握效果图设计的基本流程，巩固了前面章节所学习的各种技术。

　　本书由张聪品任主编，靳瑞霞、许小荣、杨馨任副主编，参与编写的人员还有陆科、寇志谦、刘晓光、周瑞金、左现刚、任保宏、孔银昌、牛小梅、邓友勤、何立军、高翔等同志。在此，编者对以上人员致以诚挚的谢意！

　　为了使本书更好地服务于授课教师的教学，我们为本书配备了多媒体教学软件。使用本书作为教材授课的教师，如需要本书的教学软件，可到网址 www.tqxbook.com 下载。如有问题，可与电子工业出版社天启星文化信息公司联系。

通信地址：北京市海淀区翠微东里甲 2 号为华大厦 3 层　　祁玉芹（收）

邮编：100036

E-mail：qiyuqin@phei.com.cn

电话：（010）68253127（祁玉芹）

编　者

2010 年 3 月

目　　录

第1章　3ds max 2010 简介

本章要点

- 计算机动画应用领域。
- 三维动画的创作步骤。
- 动画制作的基本理论。
- 3ds max 2010 系统简介。

本章导读

- 基础内容：3ds max 2010 的系统以及动画制作的基本步骤。
- 重点掌握：掌握三维动画制作中的各种基本理论，这是学习三维动画的基础。
- 一般了解：了解算机动画的多个应用领域和 3ds max 2010 的新特性。

课堂讲解

　　随着计算机图形学技术的发展，计算机动画具有了非常逼真的视角效果，动画控制技术也得到了飞速的发展，加之高速图形处理器及超级图形工作站的出现，使三维计算机动画得到了不断发展，应用十分广泛。3ds max 是目前市场上最流行的三维造型和动画制作软件之一，也是当前世界上销售量最大的三维建模、动画及渲染解决方案之一。通过此软件能够方便地创建各种具有真实感的三维物体造型，并能制作精美的动画过程。

1.1 计算机动画的应用领域

三维计算机动画是采用计算机模拟现实中的三维空间物体，在计算机中构造三维的几何造型，并给造型赋予表面材料、颜色、纹理等特性，然后设计造型的运动、变形、灯光的种类、位置、强度及摄像机的位置、焦距、移动路径等，最终生成一系列可动态实时播放的运动图像，并可将制作的动画输出到其他硬件录制设备。三维计算机动画不仅可以模拟真实的三维空间，而且还可以产生现实世界不存在的特殊效果。

三维动画主要应用在以下各领域。

1. 电影、电视领域

在电影、电视领域，计算机动画主要用于制作电影电视片头、电影特技等。在这些艺术作品中，艺术家的想像力通过计算机动画发挥得淋漓尽致，可产生许多电影、电视实拍达不到的艺术效果，使作品艺术性得到完美发挥。尤其是在动画卡通片制作方面，更是大量使用 3ds max 来制作，图 1-1 所示就是使用 3ds max 制作的影片中的一个场景。

图 1-1　影片中的场景

2. 广告制作

在广告制作方面，3ds max 更是功不可没，现在大量的广告都是通过 3ds max 制作完成的，图 1-2 所示就是 3ds max 广告的一个画面。

3. 游戏制作

现在的计算机游戏越来越丰富，场景也越来越漂亮，而 3ds max 则起着重要的作用，图 1-3 所示就是使用 3ds max 制作的一个游戏场景。

图 1-2　广告的一个画面

4.　建筑装潢

建筑设计效果图广泛地用于工程招标及施工的指导、宣传。一幅精美的建筑效果图首先会令观众赏心悦目，具有较高的欣赏价值。建筑效果图中体现了制作人员的布局思路与设计方案，是设计人员的智慧结晶。3ds max 的一个重要应用就是制作建筑设计效果图，图 1-4 所示就是一幅建筑设计效果图。

图 1-3　游戏场景

图 1-4　建筑设计效果图

制作建筑设计效果图，不但要求设计者具有丰富的想像力、创造力，较高的审美观和艺术造诣，而且还要求设计者在建模、结构布局、色彩、材质、灯光和特殊效果等制作方面，有深厚的功底。

5.　工业设计

由于计算机辅助工业设计的出现，工业设计的方式也发生了根本性的变化。这体现在用计算机来绘制各种设计图，用快速的成型技术来代替油泥模型，或者用虚拟现实来进行产品的方针演示等。图 1-5 所示就是使用 3ds max 制作的产品模型。

图 1-5 产品模型

6. 教学方面

计算机动画用于辅助教学，可以提高学生的感性认识。例如，在教学中经常使用的 CAI，就大量使用了 3ds max 制作的动画。图 1-6 所示就是用于介绍太空知识的 CAI 片断。

图 1-6 教学片断

1.2 制作三维动画的步骤

3ds max 在三维创作过程中有着无比的优越性。一件精美的三维作品，无论是用哪种三维软件一般都经历了制造和加工两大创作过程。而制造就是建立模型，加工则分为色彩效果处理（材质与贴图）、视觉效果处理（灯光与摄影）、动态生成处理（动画制作）、后期处理（渲染合成输出）等几个过程。而 3ds max 2010 在这些方面的强大功能使得创作一个三维作品变得方便、快捷、高效。

1.2.1 建立模型

建立模型是一件三维作品的起点，起点的好坏直接影响以后的加工过程，因而对作品的制作效率起着至关重要的作用。

建立模型的方法多种多样，有基础建模、组合形体建模、NURBS 建模、网格建模、面片建模等方法，所有的模型都遵循点、线、面、体的基本几何组成规则。在创建模型时根据模型的特点选择恰当的建模方法，可以收到事半功倍的效果，图 1-7 所示是创建好的军车三维模型图。

图 1-7 三维模型图

从模型的风格上来说，主要有写实形和幻想形两种。幻想形的模型可以有夸张的特征，而写实形的模型需要与现实相符，仅仅靠脑海中的印象和几幅照片去创作是很困难的事情。特别是对于工业产品建模来说，没有工业级别图纸作为创作依据，便无法创作出令人叹服的作品。所以收集、整理相关资料本身也是完成创作必不可少的工作。

1.2.2 设置材质

真实的物体外在材质特征是非常复杂的，由于时间、环境等种种因素，造就了附加在物体上的灰尘、破损，甚至腐烂、锈蚀等，很难真实地再现这些自然的因素，因为在计算机上所创作的一切都是用 0101 这样的数字表达的，是一种数字的艺术。很多的作品表面非常光滑，而且异常干净，这难免会导致失真。而仅仅简单地在物体表面添加一些干扰来造成凹凸感，也是治标不治本的做法。这样草率的处理是远远不够的，要真实再现材质效果，需要做更多的工作，图 1-8 所示就是一幅追求真实感的汽车效果图。

图 1-8 以假乱真的材质效果

1.2.3 创建灯光

各种各样的场景中往往都要配以各式各样的特色灯光，以达到渲染场景气氛的作用。灯光在不少场景中都是必不可少的，而灯光的应用几乎是场景中最重要，也是最难对付的问题，灯光没有处理好，再好的造型和材质也无法表现其应有的效果。

在各种三维软件中，灯光在系统中都是作为一种特殊的物体来使用的，其本身不在渲染后的场景中出现，但其可以影响周围物体的色彩明暗等可视效果。在整个场景气氛的渲染上，灯光可以说处于决定性的地位。

除了照亮场景模型之外，灯光还有一个重要的作用就是能将材质统一起来，光线的色彩是对材质的重要补充，调节光线的色彩是一种快捷刻画物体的方式。在处理现实环境场景和商业效果图时也需要在设置光线的时候加以色彩的变化，图 1-9 所示是一幅灯光处理得当的效果图。

图 1-9　理想的灯光效果

1.2.4 创建动画

建立模型的最终目的是为了制作动画。几乎所有的可被修改或者被编辑的对象都可以被设置为动画。动画是通过一系列单个画面来产生运动视觉的技术，或者说，是动态生成一系列相关画面的一种处理方法，每一帧画面与前一帧略有不同，它的原理缘于人的视觉暂留。人眼有 0.1 s 的视觉暂留，小于这个数值，人眼就会认为动作是连续的，因此，若画面的更新率小于每秒 10 张，画面便会出现闪烁跳跃。所以，一般卡通动画的更新率为每秒 12 帧，电影画面的更新率为每秒 24 帧，图 1-10 所示是动画中的截图。

图 1-10　跑车动画截图

1.2.5　渲染合成输出

在经过上面步骤完成整个场景的建立和编辑之后，创作者还要考虑的一个问题就是渲染合成输出。这一过程决不是只单击一下"渲染"按钮那么简单，需要通过对多组文件的剪辑和拼合，并在合成过程中加入淡隐淡出之类的镜头切换效果，以生成完整的动画视频文件。对此，各种三维软件都提供了相应的视频合成器，还可以将场景同真实的实景照片或者动画文件天衣无缝地结合在一起，图 1-11 所示是一个使用了视频合成的例子。

图 1-11　视频合成效果图

除此之外，对大气环境的处理和滤镜特效的使用也是出色的三维作品不可或缺的要素。

1.3　动画制作基本理论

在使用 3ds max 2010 制作动画以前，了解制作动画的基本知识是很有必要的，本节简要介绍一下这方面的基本常识，为后面的学习打下一个很好的基础。

1.3.1　摄影理论

拍照片只有场景是不够的，还必须予以特定的视觉方式。3ds max 2010 是模拟摄影机镜头来观察物体的，它的默认镜头焦距长度为 48.24 mm，这一长度的镜头所能容纳的视野与人的正常视野相当。

小于 48.24 mm 的镜头称为广角镜头，通过它观察到的视野比正常人观察到的视野要大，镜头尺寸越小，看到的视野越开阔，但随着透镜尺寸的不断减小，视野中的图像渐渐变形，就如同透过凸透镜观察物体差不多。在大多数情况下，是不希望有这种变形的，但如果巧妙利用，这种变形会产生意想不到的特殊效果。

大于 48.24 mm 的镜头称为长镜头，通过长镜头观察到的景象，就如同通过望远镜观察物体一样，这种镜头可使远处的物体拉近，当然它的视野也随镜头的增大而减小。

3ds max 2010 镜头调节能力很强，可在 9.8 mm~107 mm 之间任意调节。9.8 mm 的镜头视角可达 178° 左右，107 mm 的镜头视角近似 0，相当于一个大的天文望远镜，通过它，可以使一个建筑物不失真的展现在人们眼前。

1.3.2 颜色理论

现实生活中自身不发光的物体能显示出颜色，是因为该物体吸收了其他颜色光而反射所显示颜色的光线。在绘画艺术中，是在白色背景上涂色，并以红、黄、蓝作为三原色，用三原色的不同组合来组成其他颜色，如果三原色中的两种颜色以相同的比例进行混合，便可形成橙、绿、紫，橙、绿、紫三种颜色以相同比例混合可构成褐色。

在计算机显示器上，则是在黑色背景上着色来显示颜色。从显像管内发出的能量不同的电子流击发在显示屏上，就会显示出不同的颜色。在计算机图形图像技术中，以红、绿、蓝作为三原色，以红、绿、蓝的不同组合来构成其他颜色。

颜色除了可由红、绿、蓝三原色调出（RGB 颜色系统），也可由色彩、亮度、饱和度调出，这就是 HSV 颜色系统，或者由两者结合起来使用。色彩是在光谱范围内指定的某一颜色。亮度指颜色的明暗程度，亮度很高时，颜色接近于白色，而亮度很低时，颜色又接近于黑色。颜色饱和度即颜色的纯正程度，饱和度逐渐降低时，颜色越来越淡，直至变为灰色，饱和度增大时，所要的颜色（如红色）才能渐渐地表现出来。

1.3.3 光线理论

光线按产生的方式不同可分为两种，即自然光线和人工光线。自然光线包括太阳光、月光，人工光线包括各种人造光源。在没有光照的情况下，是看不到物体的任何颜色的，物体的颜色只有通过反射光线才能被人们察觉。

前面几节中所讨论的颜色理论都是建立在光为白色的基础上的，然而光线本身有各种各样的颜色，白光是各种颜色光线的组合，当白光通过三棱镜时，它的颜色会分解开来，形成由红、橙、黄、绿、蓝、青、紫组成的一道彩虹。在各种颜色的光中，以红、绿、蓝作为光的三种基本颜色，因为这三种光的不同混合，能够形成其他颜色的光。如三基色中的两种以相同的比例进行混合，便可构成青、黄、品红，三种颜色以相同比例混合则可以形成白光。

3ds max 2010 提供 8 种标准光源，即天光灯、泛光灯、自由聚光灯、目标聚光灯、目标平行光、自由平行光、mr 区域聚光灯和 mr 区域泛光灯。聚光灯的方向、照射的范围和角度、发光的颜色都可以进行调节，而且还可以在物体背后投下阴影。可以用 3ds max 2010 提供的灯光来模拟各种人造光源和自然光源。

1.3.4 动作理论

动画动作的设计来源于对生活中运动物体的观察。动作太少或动作不逼真是动画失败的一个重要原因，一般动画制作都包含以下几个过程。

（1）预备行为。它是主要动作的预备动作，例如，人做立定跳远这一动作时，跳前的下蹲动作就属于预备动作。

（2）挤压和延伸。所有物体在重压下都呈现出挤压和伸展的变形，当一个物体沿着某一方向被挤压时，它就会在与该方向垂直的各面自动延伸。3ds max 2010 具有模拟这种挤压和延伸的功能。

（3）互相重叠的动作。一个物体系统中，可能包括几个物体，它们之间的动作相互影响，从而构成相互重叠的动作。在动画制作过程中，只有处理好这种相互重叠的动作关系，才能使动画生动、逼真。

（4）　上演。上演就是把运动中的物体以适合人眼观察的形式反映在计算机屏幕上，上演时要注意的问题就是要调整好摄影机镜头与运动物体间的相对位置。

（5）　动作夸张。动作被夸张至少有两个作用，一是用来表现喜剧性效果，二是突出表现那些只借助于微小动作表达不清的效果。夸张的应用以不损害场景的真实性为原则，不要因过分夸大而适得其反。

（6）　次要动作。次要动作是指所要描绘的动作之外的动作，次要动作可对主要动作起到烘托作用，如要表现风扇的风叶不停转动这一动作，可以制作一个风铃，在风扇前随风摇摆，风铃摆动的动作就属于次要动作。

1.4　3ds max 2010 的新特性

3ds max 2010 最大的改进包括引进了整套石墨建模工具，使得多边形建模工具得到了飞跃式的增强，此外还有窗口实时显示增强、Review 3 的引入、xView Mesh Analyzer 模型分析工具，以及超级优化修改器、更强大的场景管理、与其他软件整合能力等共约 350 项的改进与增强。

（1）　新的默认界面

3ds max 2010 中的界面发生了显著的改变，改变最大的是其中的菜单栏和工具栏。大部分图标都经过了重新的设计，界面的默认颜色也变成了灰黑色。这次 3ds max UI 界面颠覆了长久以来的传统，是为了和该公司的其他软件形成统一的 UI 体系，同时也是为给用户带来全新的视觉冲击。

（2）　新的创造性工具

新的石墨建模工具与材质管理器两项就包含了至少 100 个新工具，以帮助艺术家更加简洁方便地实现他们的创意。增强的实时窗口显示功能使艺术家能够在视图中更加直观地看到类似最终渲染的效果。如软阴影、曝光控制、Ambient Occlusion 等这些特性都是实时的。这可以帮助用户更快地对作品做出判断，以方便下一步的制作。

（3）　强大的新资源及场景管理能力

现在能利用 3ds max 2010 构建一个强有力的资源工作流，来帮助用户组织一个复杂的场景，并且在处理复杂场景或物体时，就像处理一个独立物体那样简单。　新的材质管理器能帮助艺术家更加便捷地处理材质与物体之间的关系，在处理极其复杂场景时，会显著地提升工作效率。新的 xView 面分析技术可以对场景中的模型进行系统的分析，以帮助艺术家找出模型存在的问题，并得出相应的解决方案。

（4）　增强软件互动性及流水线整合能力

3ds max 2010 是第一个支持 mental images 公司开发的 mental mill 技术的动画软件。该项技术能让用户开发、测试，以创造基于硬件基础上的着色器，构建更加复杂的 Shader，以用于软件或硬件的渲染。并且这些都是实时的。增强 OBJ 格式导入的支持，同时 ProOptimizer 修改器的引入使其与 Autodesk Mudbox 软件的协同工作变得更加便利。增加对 C#和.Net 语言的支持，使开发人员能够对 3ds max 做出适合他们语言种类的二次开发。

1.5 习题练习

1.5.1 填空题

（1）3ds max 是_____公司开发的三维动画制作软件。

（2）RGB 颜色系统中的三原色是_____、_____和_____。

（3）制作三维动画包括了_____、_____、_____、_____和_____这几个主要的步骤。

（4）大于 48.24mm 的镜头称为_____，观察到的景象，就如同通过望远镜观察物体一样，这种镜头可使远处的物体拉近，当然它的视野也随镜头的增大而减小。

1.5.2 选择题

（1）3ds max 中的颜色除了可由 RGB 颜色系统的三原色调出，还可使用（　　　）颜色系统，或者由两者结合起来使用。

    A. RGB

    B. HSV

    C. 七色系统

    D. 红黄蓝

（2）建立模型的方法多种多样，有基础建模、组合形体建模、NURBS 建模、网格建模、面片建模等方法。模型一般遵循（　　　）的基本几何组成规则。

    A. 点、线、面

    B. 点、线、面、体

    C. 点、线、体

    D. 点、面、线

（3）3ds max 2010 新增的建模工具是（　　　）。

    A. 新的布尔工具

    B. mental ray

    C. 骨骼建模工具

    D. 石墨建模工具

1.5.3 上机练习

（1）运行 3ds max 2010，查看各菜单和按钮，熟悉软件。

第 2 章　3ds max 2010 的基本操作

本
章
要
点

- 3ds max 2010 的操作界面。
- 3ds max 2010 中的对象。
- 视图和空间坐标系统。
- 对象的选择与变换。
- 坐标系和轴心。
- 对象的复制和阵列。

本
章
导
读

- **基础内容**：3ds max 2010 的操作界面与操作，如视图操作、创建对象、选择对象、变换对象、空间坐标系统和轴心的变换等。
- **重点掌握**：本章着重介绍了对象的基本操作以及如何能够针对不同情况，使用不同的方法，灵活地选择对象，并对对象进行相应操作。
- **一般了解**：对象的轴心变换。

课堂讲解

　　3ds max 2010 作为三维动画设计和制作软件，功能十分强大。要想使它高效地完成建模、调整和渲染等功能，需要首先理解 3ds max 的工作方式。本章将讲解 3ds max 中各种基本概念与操作，包括操作界面与视图的操作、对象的选择和变换、对象的复制和阵列，以及空间坐标系统变换等，这些都是学习 3ds max 2010 的基础。

2.1　3ds max 2010 的操作界面

3ds max 2010 是一个集模型建立、动画制作和渲染于一体的智能化集成环境，其用户界面与一般的应用程序有所不同。在使用它以前，首先了解一下它的操作界面及其分区，对下面的学习是非常有必要的。

3ds max 2010 的 UI 界面作了全面的革新，其用户界面如图 2-1 所示。按功能大致可分为下面几个区域：下拉式菜单区、工具栏、命令面板、视图区、视图控制区、动画控制区、MAXScript 状态栏窗口、提示行和状态行，下面将逐一介绍。

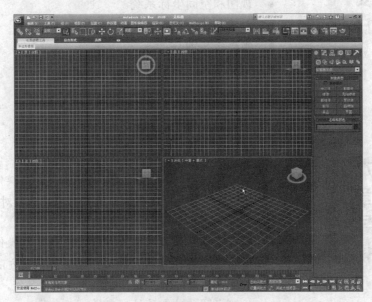

图 2-1　3ds max 2010 的用户界面

2.1.1　菜单

3ds max 2010 屏幕上方为它的主菜单，这是窗口软件典型的下拉式菜单，当用鼠标左键单击某一菜单命令时即弹出子菜单，进而可进一步选择具体命令。

主菜单包括"编辑"、"工具"等 13 个菜单栏如图 2-2 所示，其中大部分的内容都可以用快捷键和工具栏的相应按钮来替。

图 2-2　3ds max 2010 的菜单栏

（1）以往的"文件"菜单在 2010 中被 3ds max 标志图标所取代，点击它则会用图标的形式显示出一个图形化的菜单界面，如图 2-3 所示。"文件"命令菜单主要用于对 3ds max 2010 中的场景文件进行管理。其中一部分是 Windows 应用程序中所常见的文件管理命令，如"新建"和"打开"用于新建和打开场景文件，"保存"和"另存为"用于保存场景文件，

"退出 3ds max"用于退出 3ds max 等。除此以外，"文件"菜单中还包括一些针对 3ds max 的特有命令。如"重置"的功能是将系统恢复到默认状态；"导入"和"导出"是将文件导入和导出。3ds max 2010 的"文件"菜单右侧列出了用户最近使用过的文件列表，还标注出了使用文件的时间，可以比以前版本更清晰的进行文件管理。

（2）"编辑"菜单如图 2-4 所示。"编辑"菜单主要用于执行常规的编辑操作，如"撤消"和"重做"分别用于撤消和恢复上一次的操作；"暂存"可以将当前的场景和物体保存到缓存之中；"取回"则可以将暂存命令保存的场景重新调出；"克隆"和"删除"分别用于复制和删除场景中选定的对象；"变换输入"可以通过键盘输入数据来改变物体的位置，进行旋转和比例缩放。"变换工具框"是 3ds max 2010 新增加的工具，可以打开一个新的位移，旋转，缩放工具面板，通过它可以方便地控制物体的大小和轴心位置；"全选"、"全部不选"和"反选"用于对场景中的对象进行选择。

（3）　"工具"菜单如图 2-5 所示，它主要用于提供各种各样的常用工具，这些工具由于使用频繁，它们中的绝大部分在工具栏中也设置了相应的图标，如镜像、阵列、对齐、放置高光、对齐摄影机和间隔工具等。而"孤立当前选择"命令能使物体进入孤立编辑模式，此模式下，除了被选中的物体之外，其他物体都被自动隐藏。"视口画布"是 3ds max 2010 中新增的功能，通过它可以在 3D 场景中使用笔刷。通过混合模式、填色等工具来产生贴图。"石墨建模工具"是 3ds max 2010 中新增的建模工具，为多边形建模提供了飞跃式的增强。无论是点、边、边界、多边形的操作或还是选择形式，都能满足最苛刻的制作需求。

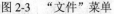

图 2-3　"文件"菜单　　　　图 2-4　"编辑"菜单　　　　图 2-5　"工具"菜单

（4）　"组"菜单如图 2-6 所示，它主要用于对 3ds max 2010 中的群组进行控制。例如，"成组"命令是将两个或两个以上选定的对象合并成一个群组，并为该群组起一个名字。合并后的群组将等同于一个对象。"解组"命令是解除已成组的群组。"集合"和"成组"相同的是使用它进行组合的物体都可以看作一个物体进行位移操作和修改命令，不同的是它由一个父对象进行控制。

（5）"视图"菜单如图 2-7 所示。它主要是用来控制视图区和视图窗口的显示方式，熟悉这些命令可以将工作环境调整至最佳，从而显著地提高工作效率。例如，"撤消视图更改"是撤消所作的操作，但是仅仅撤消有关视图的操作。"保存活动透视视图"命令是保存当前激活的视图状态到一个缓冲区中，以便改变观察状态后再回到当前的状态。与之相对应，"还原活动透视视图"命令是将保存到缓冲区中的视图状态载入，以恢复到保存视图前的状态。"视口背景"可以为被激活的视图设置背景图片，用来进行参考。

（6）"创建"菜单如图 2-8 所示，用于创建基本形体、灯光和粒子系统等，与命令面板上的"创建"面板上的命令相对应。

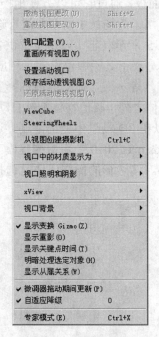

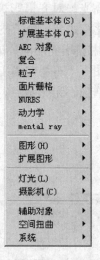

图 2-6 "组"菜单　　　　图 2-7 "视图"菜单　　　　图 2-8 "创建"菜单

提示　"专家模式"命令将提供一个最大的视图，供那些非常熟悉 3ds max 2010 的专家使用，这些人只使用快捷键来操作 3ds max 2010 的所有命令。当选择这个模式后，屏幕上的菜单栏、工具条、命令板、状态行和沿着视图下部的所有导航按钮都会隐去，屏幕上只留下动画时间滑块、"取消专家模式"按钮和四个视图。

（7）"修改器"菜单如图 2-9 所示，用于对物体进行调整，与命令面板上的"修改"面板上的命令相对应。

（9）"动画"菜单如图 2-10 所示。该菜单中将动画控制面板中的组件封装在"动画"菜单中，利用它可以更方便地进行动画制作。其中包括运动控制器、IK 解算器、骨骼工具、参数的收集与编辑等功能。

（10）　"图形编辑器"菜单如图 2-11 所示。它包含两个主要内容：轨迹视图和图解视图。前者用来查看和控制对象运动轨迹、添加同步音轨等；后者可以使用户很容易地观察场景中所有对象的层级和链接关系。

图 2-9　"修改器"菜单

图 2-10　"动画"菜单

图 2-11　"图形编辑器"菜单

（11）　"渲染"菜单如图 2-12 所示。该菜单提供了着色渲染场景，以及设定环境影响的功能。其中"环境"命令打开环境对话框，这里可以设置背景环境和环境效果等。"效果"命令用来设置渲染结果的发光、模糊、颗粒等特殊效果。"材质编辑器"命令可打开材质编辑器，控制编辑 3ds max 中的材质设定和属性。Video Post 命令可以打开视频后期处理对话框，加入声效、片断整理、事件输入输出等后期编辑。"材质资源管理器"是 3ds max 2010 中新增一项重要的材质管理工具，可以查看材质的类型、结构、显示状态和赋予对象等，极大地方便了大型场景文件的材质编辑和管理。

（12）　"自定义"菜单如图 2-13 所示。该菜单提供定制操作界面的相关命令，在这里可以设定快捷键、工具栏、右键快捷菜单等。"首选项"命令可以打开"首选项"面板，进行 3ds max 自定义参数设定。例如，使用"加载自定义 UI 方案"命令可以更改用户界面。

（13）　"MAXScript"菜单如图 2-14 所示。该菜单提供脚本操作的相关命令，脚本是用来完成一定功能的命令语句。使用脚本功能可以很方便地完成某些功能，使用"新建脚本"命令可以新建一个脚本文件，使用"运行脚本"命令可以执行一个脚本文件，使用"宏录制器"命令可以记录一段脚本,这类似于 Word 中的宏的概念。

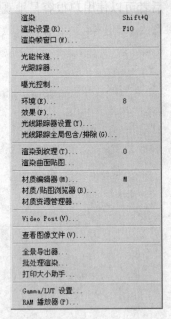

图 2-12 "渲染"菜单

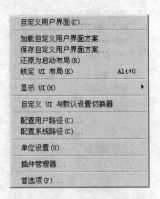

图 2-13 "自定义"菜单

图 2-14 MAXScript 菜单

(14)"帮助"菜单如图 2-15 所示。该菜单提供 3ds max 2010 中的一些帮助菜单命令。例如,使用"Autodesk 3ds max 帮助"命令可以打开帮助手册,使用"教程"命令可以打开 3ds max 2010 的官方教程。

图 2-15 "帮助"菜单

2.1.2 工具栏

位于 3ds max 2010 菜单栏下方的是图标工具栏,它主要是为了操作方便,其功能和菜单栏及命令面板基本相符,不仅使熟练的用户工作起来得心应手,对入门用户来说也显得更加直观方便。工具栏含有许多图标和列表域,如图 2-16 所示。它们横向排列。将鼠标移到图标之间,鼠标变为手形,拖动鼠标,即可左右移动工具栏。

图 2-16 3ds max 2010 的工具栏

关于文件操作的基本功能(如保存文件等)的快速访问工具栏和"信息中心"工具栏被放置在标题栏上方这个更加重要和显眼的位置,如图 2-17 所示。

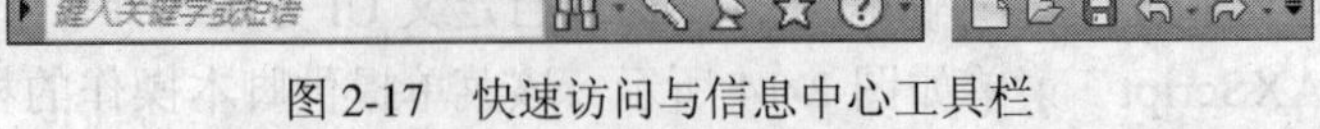

图 2-17 快速访问与信息中心工具栏

3ds max 2010 的工具栏具有很大的灵活性,用户可以将工具栏拖动到任何位置,也可以设置要显示的工具栏。如果在工具栏的图标上右击鼠标,会弹出一快捷菜单,如图 2-18

所示，在快捷菜单中就可以选择显示在界面上的工具栏。在默认情况下，命令面板和主工具栏显示在界面中。选择"自定义"命令可以打开"自定义用户界面"对话框，在此对话框中，可以对用户界面进行定制。

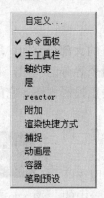

图 2-18　弹出的快捷菜单

图 2-19　命令面板

2.1.3　命令面板

命令面板位于系统界面的右方，如图 2-19 所示。它是 3ds max 2010 的核心，包括在场景中建模和编辑物体经常要使用的工具和命令。熟练掌握命令面板的使用技巧是学习 3ds max 2010 最重要的环节之一。

在命令面板顶部有 6 个图标，这些图标从左至右分别表示"创建"、"修改"、"层次"、"运动"、"显示"、"工具"命令面板。它们的主要功能如下。

- "创建"面板：创建各种图形、实体和粒子系统、灯光，摄影机等。
- "修改"面板：用于存取和改变被选定物体的参数。可以使用不同的修改器，也可访问修改器堆栈。
- "层次"面板：可创建反向运动和产生动画的几何体的层级。
- "运动"面板：可以将一些参数或轨迹运动控制器赋给一个物体，也可将一个物体的运动路径变为样条曲线或将样条曲线变为一个路径。
- "显示"面板：控制 3ds max 2010 的任意物体的显示，包括隐藏、消除隐藏和优化显示等。
- "工具"面板：访问几个实用程序。

最左端的面板是"创建"面板，默认状态时它是打开的。可以使用"创建"面板顶部的七个图标来创建基本的物体。这 7 个图标的功能如下。

- "几何体"：创建 3ds max 2010 几何体的一些命令，如球、圆柱体、圆筒等。
- "图形"：创建 2D 图形的命令。如直线、矩形、椭圆和文字等。
- "灯光"：创建照亮 3D 场景的光源。
- "摄影机"：创建观察 3D 场景的摄影机。
- "辅助对象"：产生辅助对象（gizmo 对象）完成 3ds max 的某些特定的任务。
- "空间扭曲"：产生空间扭曲变形，如产生风、粒子等动画特技效果。
- "系统"：创建骨架和环行阵列系统及外部插入模块等较复杂的系统。

在命令面板上，有很多子面板，称做卷展栏。在卷展栏的标题前面会有+或者-号。单击卷展栏的标题按钮可以打开或者关闭卷展栏。例如，图 2-23 中的"对象类型"卷展栏和"名称和颜色"卷展栏。

2.1.4　视图和视图控制区

视图区位于 3ds max 2010 界面中部左侧，它占据了屏幕的大部分空间，用户可以从不同的角度、以不同的显示方式来观察场景。默认的设置是四个等分的视图，右下角是一个透视图，它从任意角度显示场景。其余的视图是当前设置的正投影视图，它的含义是从前面、上面、左面的位置观察到的场景。

当前的工作视图只能有一个，称之为激活视图。其周围有一圈淡棕色的边框，如果处于动画制作状态，其周围为一红色边框。

视图控制区位于系统界面的右下角，如图 2-20 所示。使用该区域中的功能按钮，可以改变场景的观察效果，但并不改变场景中的物体。

图 2-20　视图控制区

对于非镜头视图，8 个按钮的功能如下。

（1）　"缩放"：缩放当前视图，包括透视图。

（2）　"缩放所有视图"：缩放所有视图区的视图。

（3）　"最大化显示"：缩放当前视图到场景范围之内。

（4）　"所有视图最大化显示"：全视图缩放，类似于"最大化显示"，只是应用于所有视图中。

（5）　"缩放区域"：在正交视图内，由光标拖动指定一区域后，并缩放该区域。

（6）　"手移视图"：控制视图平移。

（7）　"弧形旋转"：以当前视图为中心，在三维方向旋转视图，常对透视图使用这个命令。

（8）　"最大化视口切换"：当前视口最大化和恢复原貌的切换开关。

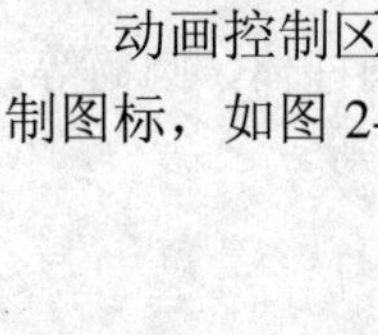

视图控制区中的图标和按钮，会随着激活视图的类型变化而变化。

2.1.5　动画控制区

动画控制区位于用户界面的底部，包含一个动画时间滑条、关键帧设置按钮和七个控制图标，如图 2-21 所示。

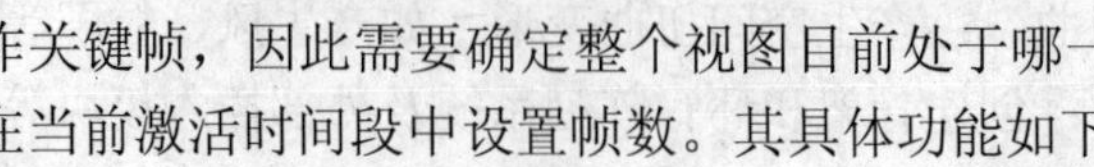

图 2-21　动画控制区按钮

制作动画需要制作关键帧，因此需要确定整个视图目前处于哪一帧。这些控制图标可以用来查看动画，并在当前激活时间段中设置帧数。其具体功能如下。

- ⏮ 按钮：移动到激活时间段的第一帧。
- ◀ 按钮：移到前一帧或前一关键帧。
- ▶ 按钮：这是下拉式按钮，播放设置的动画、为播放选择物体。
- ▶▶ 按钮：移到下一帧或下一个关键帧。
- ⏭ 按钮：移到激活时间段的最后一帧。
- 🎬 按钮：单击该按钮可打开"时间配置"对话框，用于设置动画的时间长度、动画制式等。

当要进行动画设定时，需要首先激活"自动关键点"或"设置关键点"按钮，然后移动帧滑块，制作关键帧。在视图区下部是动画帧操作滑块，在帧操作滑块上面，分数线之上的数字是当前帧显示，分数线之下为动画总帧数，如图 2-22 所示。

图 2-22　动画帧操作滑块

2.1.6　MAXScript 状态栏

MAXScript 状态栏位于 3ds max 2010 主界面的左下角，如图 2-23 所示。它主要用来显示脚本语言的执行情况。

在 MAXScript 状态栏上右击鼠标，出现一个快捷菜单，执行"打开侦听器窗口"命令，即可打开"MAXScript 侦听器"窗口，如图 2-24 所示。在此窗口中可以编辑、记录和执行脚本语言文件。

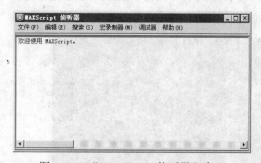

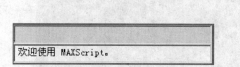

图 2-23　MAXScript 状态栏　　　　　　图 2-24　"MAXScript 侦听器"窗口

2.2　视图的选择与操作

2.2.1　视图的概念

3ds max 2010 的造型是在视图中进行的，当在一个视图中变换物体时，其余的视图也在更新。有时候，为了调整物体的位置或进行其他的操作，需要在几个视图中协调，因此了解视图的概念是非常重要的。

（1）正投影视图

正投影视图表示主体与投影光呈 90°。工程图纸常采用的是正投影视图。正投影视图中的物体不会变形和缩小，各部分的比例都相同，该视图准确地表明高度和宽度之间的关系。

3ds max 2010 有 6 个正投影视图：前视图、后视图、顶视图、底视图、左视图、右视图。不太准确地说，前视图就是从场景的前面所能看到的情形，其余依此类推。

（2）用户视图

如果主体和投影光不成 90°，那么在视图中就会显示物体的多个平面，而视图就变成了轴测视图，3ds max 2010 中称为用户视图。

在这种视图中，所有的平行线都保持了平行的关系，不管物体处于何处，它所显示的比例都保持恒定。在用户视图中，物体各个部分的比例仍然是相同的，所以各部分之间的关系一目了然，视觉控制与正交投影相同，而且保持了平行线的平行关系。

（3）透视图

在日常生活中，透视是指人所接受的对象外形在深度方向上的投影。在观察周围的事物时，都是采用透视观点。

在观察物体时，物体就是视觉中心，人眼与视觉中心的连线称为视线，人所处的平面即为地平面。在 3ds max 2010 中，地平面是透视图中的 XY 平面，如图 2-25 所示。图中的网格线就代表地平面，场景中大多数对象放置在地平面上。

（4）摄影机视图

当用户在场景中创建摄影机后，就会有摄影机视图。摄影机视图其实就是透视图，只不过是视觉中心和视线与透视图不同而已。图 2-26 是一个摄影机，左侧的白色物体即为摄影机，而右边的小方块为目标点，由摄影机到目标点的连线即为视线，摄影机和目标点之间形成的四棱锥的底面为摄影机的视口。

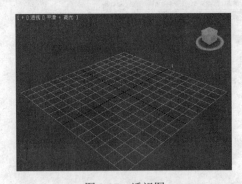 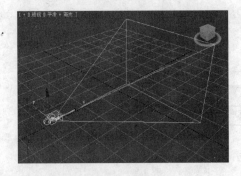

图 2-25　透视图　　　　　　　图 2-26　摄影机

通俗点讲，摄影机视图就是通过摄影机观察到的视图。在 3ds max 2010 中，它常用来制作动画。因为单纯通过变换场景中的物体来制作动画是很单调的，而通过摄影机的变换来制作动画，会和现实世界中一样逼真。

2.2.2　视图切换

视图切换功能可以将任意一个视图切换为其他视图，在视图标志文字上右击鼠标，然后在弹出的快捷菜单中选择"视图"选项，会弹出下一级菜单，如图 2-27 所示，在该菜单上可选择相应的视图。

也可以利用快捷键来切换视图，各个视图的快捷键如下。

- T = 顶视图。
- L = 左视图。
- F = 前视图。
- P = 透视图。
- C = 摄影机视图。

若场景中有摄影机，则在"视图"的下一级菜单的顶部会有摄影机的名称出现，若选择该名称，则视图就会变成该摄影机视图。

图 2-27　选择视图

2.2.3　视图的配置

视图的观察效果是通过视图控制区的功能按钮来实现的。它们只改变视图的观察效果，并不改变场景。要改变视口的分布和数量，可以通过"视口配置"来实现。

选择"视图"|"适口配置"命令，或者在视图左上角单击鼠标右键然后在快捷菜单中选择"配置"命令，都可打开"视口配置"对话框。在此对话框中可设置视图的显示、渲染方式和布局等。其中"布局"选项卡用来设置视图的布局方式以及视图类型。单击上部两行图标可选择相应的布局方式，在下部的视图区域中单击，可弹出一快捷菜单，用于选择视图类型，如图 2-28 所示。

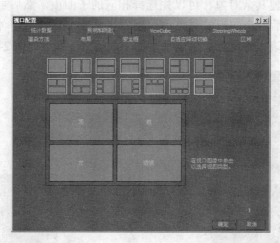

图 2-28　"视口配置"对话框

2.3　对象的创建

3ds max 2010 是一个面向对象的软件。用户创建的每一个事物都是对象。场景中的几何体、摄影机和光源均是对象；编辑修改器、位图、材质贴图等都是对象；场景也是对象，是与其他事物不同的对象，它包括了光源、摄影机、空间变形和辅助对象。

对象具有某些属性，同时只能对对象施加某些有效的操作。而从用户的角度来看，面向对象最重要的是它如何影响界面。当用户在 3ds max 2010 中创建一个对象时，与对象有关的一些选项会出现在屏幕上，这些选项表明可以对对象进行什么样的操作，以及每个对象具有什么属性。3ds max 2010 基于当前应用程序查询对象，确定哪些选择是有效的，然后 3ds max 2010 只显示那些有效的选择。这也是 3ds max 2010 的智能化所在。

3ds max 2010 的大多数对象都是参数化对象，即由参数集合或者设置来定义对象，而不是由对象的显示形式来定义对象。每一类型的对象具有不同的参数，创建具有初始参数，施加的修改器也有其参数，创建的摄影机和灯光等都是由参数来定义的。

例如，对一个参数化长方体，3ds max 2010 用半长度、宽度、高度和分段数来定义，如图 2-29 所示。用户可以在任何时候改变参数，从而改变该球体的显示形式。用户甚至可以使参数连续变化，以制作动画。这也是 3ds max 2010 的功能强大所在。用户只需变化一个参数，即可制作动画。

图 2-29 "参数"卷展栏

2.3.1 创建对象的方法

1. 使用命令面板创建对象

单击屏幕右侧命令面板的 按钮，进入创建命令面板。创建命令面板里又分为 7 个子面板，每个子面板又包含了多种对象类型。默认的创建命令面板是标准基本体面板，如图 2-30 所示。如果要创建其余对象，可以先选择相应的子面板，然后再下拉列表框中选择相应的对象类型，选择后命令面板的对象内容将发生相应变化。几何体子面板的下拉列表框如图 2-31 所示，在列表框中选择"扩展基本体"后的命令面板如图 2-32 所示。

图 2-30 创建命令面板

图 2-31 创建面板的下拉列表框

对于创建命令面板中提供的模型，只要单击对象对应的按钮，在视图中通过简单的鼠标拖动或者在参数卷展栏中输入相应参数即可完成对象的创建。

2.　使用创建菜单创建对象

选择"创建"菜单，菜单各选项如图 2-33 所示。可以看出"创建"菜单包含各种对象类型，每种类型中包含了相应的对象。使用"创建"菜单创建对象模型的方法也很简单，只需要选择菜单栏里相应选项，便可以在视图中创建相应的对象。

图 2-32　选择"扩展基本体"

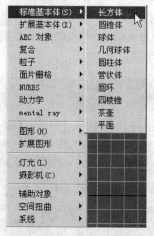

图 2-33　"创建"菜单

当在命令面板或者菜单中选择要创建的对象类型后，命令面板中将会出现该对象对应的参数卷展栏，分别是"名称和颜色"、"创建方法"、"键盘输入"和"参数"卷展栏，如图 2-34 所示。可以在创建对象同时在各卷展栏中输入相应的参数，完成对象的创建。

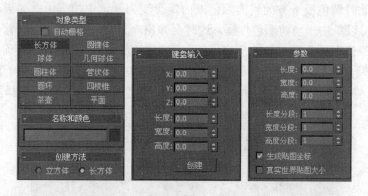

图 2-34　创建命令面板中的卷展栏

如果某卷展栏前面有一个加号，则表示该栏卷上已隐藏了里面的内容，只需单击一下即可使之展开。如果由于卷展栏太多太长，使得有一部分看不到，可以将鼠标放到某个卷展栏内，当光标变为手掌形时，单击并上下拖动面板，也可以单击一些已展开但是暂时不用的栏目，使之卷上以节省空间。

2.3.2　设置对象的名称和颜色

3ds max 2010 中创建的几何体名称是由系统名称（如长方体为 Box）加创建顺序编号

（从 01 开始）组成的。几何体名称的修改操作很简单，可以直接在"名称和颜色"卷展栏中输入自己所起的标识名。

几何体的颜色是由 3ds max 2010 系统随机产生的，仅起区分几何体的作用。如果要对其进行修改，可单击"名称和颜色"卷展栏中的颜色方块，打开"对象颜色"对话框，如图 2-35 所示，即可进行颜色设定。此时，对话框内显示基本颜色为"3ds max 调色板"，共有 64 种不同颜色。如果用户对 AutoCAD 内设的调色板选色方式比较熟悉，可以选择"AutoCAD ACI 调色板"单选按钮，此时调色板变为 AutoCAD 模式的调色板，如图 2-36 所示。

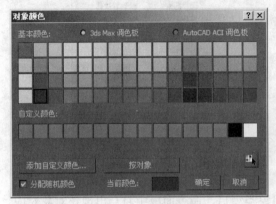
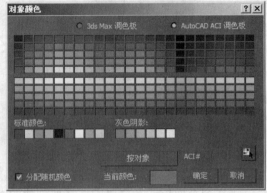

图 2-35　3ds　max 模式的调色板　　　　　　图 2-36　AutoCAD 模式的调色板

不管使用哪种模式的调色板，如果对话框中已有所需要的颜色，那么只需直接单击该颜色框即可，此时调色板下方的当前颜色框内就会变为所选中的颜色；如果调色板中没有需要的颜色，可以单击"当前颜色"框，这时会弹出一个 "颜色选择器：修改颜色"对话框，采用"红绿蓝"颜色模式及"色调、饱和度、亮度"模式进行精确的颜色设定，如图 2-37 所示。在颜色选择器中定义一种颜色后，单击"关闭"按钮，那么当前颜色就变为刚刚定义的颜色。如果单击"重置"按钮，那么当前颜色恢复为弹出颜色选择器前的颜色。

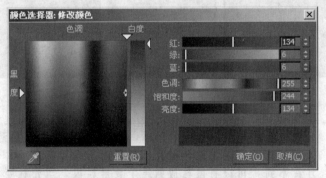

图 2-37　修改模式颜色选择器

如果自己定义的颜色以后仍会用到，那么可以将它添加到自定义颜色栏中，"对象颜色"对话框上面的"添加自定义颜色"按钮就是用来增加用户自定义颜色的，单击该按钮会弹出"颜色选择器：添加颜色"对话框，如图 2-38 所示。设定颜色的方法和修改模式是一样的，定义颜色之后单击"添加颜色"按钮即可添加该颜色到"对象颜色"对话框的"自定义颜色"栏。

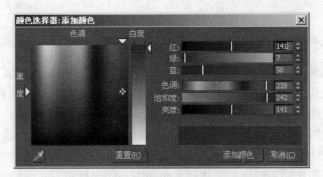

图 2-38　"颜色选择器：添加颜色"对话框

　　另外，在"对象颜色"对话框的左下方有一个"分配随机颜色"复选框，当该复选框被选中的时候，系统会为每一个被创建的对象随机赋予一种颜色；当该复选框没有被选中的时候，系统会为每一个被创建的对象赋予相同的颜色，该颜色即"名称和颜色"卷展栏的颜色框里所显示的颜色，可以通过上面所介绍的方法进行设定。

　　"对象颜色"对话框的 按钮，可用来选择物体并把选定的颜色赋予该物体。这样当视图中有多个对象时，单击该按钮，会弹出图 2-39 所示的对话框，在此对话框中可以选择要将颜色赋予哪个物体或哪些物体。如果视图中只有一个对象且已被选中，直接单击"对象颜色"对话框下面的确定按钮即可。

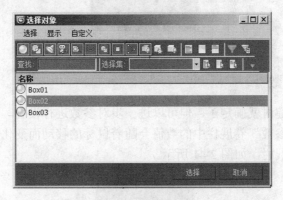

图 2-39　选定要赋予颜色的物体

　　创建几何体时，材质不需要贴图坐标。应保持"生成贴图坐标"选项左边的复选框为空白框，当以后需要时再勾选该项。选定该项后，在当前物体上生成贴图坐标，使该物体可以进行贴图处理。

2.3.3　设置对象的创建方式

　　3ds max 2010 中为几何体对象提供了多种生成方式，可以对产生对象的方式进行选择，比如球体就提供了"边"和"中心"两种。"边"方式两点连线构成球体的一个最大截面圆的直径，此直径确定了球心的位置和球的半径。"中心"方式是以球心为起点，拖动鼠

标形成一条半径，移动鼠标只能改变球的半径。用户可以根据自己的需要对创建方式进行
选择。

2.3.4　键盘输入创建参数

在创建几何体时，如果仅是对几何体尺寸大小要求精确，在"参数"参数栏中用键盘
输入参数值即可达到要求。但在构造复杂的场景、动画时，对几何体所在的具体位置也要
求准确，这时可以使用下面的方法来创建对象。

单击"长方体"（或其他要创建对象的按钮）按钮，命令面板中即会出现"键盘输入"
卷展栏，如图 2-40 所示。在 X、Y、Z 编辑框中输入精确的坐标位置，然后单击"创建"
按钮即可。注意，此处输入的坐标是几何体底面中心的坐标值。

图 2-40　"键盘输入"卷展栏

2.3.5　修改创建参数

对象的参数在创建时就确定了，但可以进一步对参数进行设置。在使用鼠标在视图中
创建一个对象时，"参数"卷展栏中的数值会随着鼠标的移动而变化，创建完成后参数即
确定了。"参数"卷展栏，如图 2-41 所示。

图 2-41　长方体的"参数"卷展栏

"参数"卷展栏中的参数有两种修改方法。

（1）　利用鼠标单击或上下拖动各个参数编辑框右侧的上下箭头来改变创建参数值。

（2）　直接用键盘输入新的创建参数值。

当修改创建参数时，视图区中的长方体的大小会立即进行动态地调整。

　　刚刚建立好的长方体，长、宽、高的分段数（"长度分段"、"宽度分段"、"高度分段"三个参数）初始值均为 1。对于这样的长方体是不能够进行变形处理的，必须用鼠标或键盘增加其初始值。随着分段数目的增加，在视图中，可以看到长方体的细分网格逐渐增多。图 2-42 所示为将三个参数设置为 3、4 和 5 时的情形。

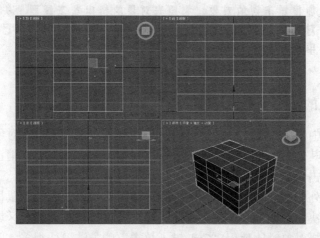

图 2-42　长、宽、高的分段数设置为 3、4 和 5 时的情形

　创建长方体后，如果执行了其他命令或不小心在视图区的空白处单击了鼠标右键，那么长方体的参数面板就会消失。如果需要修改长方体的创建参数，可单击面板顶部的"修改"按钮打开"修改"面板，然后在"修改"面板中的"参数"卷展栏中修改长方体的参数。

2.4　对象的选择

　　要对对象进行修改编辑，或者利用材质编辑器添加材质、动画控制器等进行动画编辑时，首先应该选择对象。在众多的对象中如何快速、准确地选定被操作对象，是熟练掌握 3ds max 2010 的关键环节。

　　3ds max 2010 提供了多种选择对象的工具，包括"选择类似对象"、"选择实例"、"选择方式"、"选择区域"等，这些工具大多数都集中在"编辑"下拉菜单中，如图 2-43 所示。在主工具栏中包含了用来选择和变换对象的按钮，如图 2-44 所示。

图 2-43　"编辑"菜单下的选择命令　　　　　　图 2-44　对象选择工具栏

2.4.1　单个对象的选择

"选择对象"是所有选择工具中最常用的一种。单击工具栏中的 按钮，按钮将下凹，拖动鼠标至选择的对象上并用左键单击，当对象变成白色时即被选中。

如果单击别的对象，则原来对象的选中状态随即消失，同时新单击的对象呈现被选中状态。单击视图中的空白部分，则已被选中对象的选中状态全部消失。

2.4.2　多个对象的选择

如果想同时选中多个对象，可以配合使用 Ctrl 键。在选中第一个对象后按住 Ctrl 键，单击其他对象，则其他对象也将呈白色，表示同时被选中。如果要取消已选中对象，可以按住 Ctrl 键，再单击希望取消选中状态的对象。

区域选择是另外一种选择多个对象的方式。使用此种方式时，用鼠标框出一个区域，然后根据你的设定决定是选择完全包含在此区域内的对象还是选择此区域接触到的所有对象。区域选择在选择对象时比使用"Ctrl 键＋单击"的方法要快得多，即使是选择单一的对象，也是一种非常方便的工具。

选择区域按钮在工具栏里是一个复选按钮 ，单击此按钮，并将鼠标向下移动，则显示出完整的 5 种方式供用户选择，包括"矩形选择区域" 、"圆形选择区域" 、"栏栅选择区域" 、"套索选择区域" 和"绘制选择区域" 。

在 3ds max 2010 中提供"窗口"和"交叉"两种区域选择模式，可单击 "窗口/交叉"按钮 进行切换。"窗口方式"只有完全被选择区域框中的对象才会被选中。"交叉方式"只要对象的一部分被选择区域框中，该对象就会被选中。

2.4.3　按对象名称选择

当建立了一个包含许多对象的复杂场景时，要快速、准确选择所需的对象可以根据对象名称来选择。选择"编辑"|"选择方式"|"名称"命令，或者单击 按钮，将弹出如图 2-45 所示的"从场景选择"窗口。

在位于对话框的左上角的选择栏中可以直接输入希望选择的对象的名称。在名称栏中可以使用鼠标同时配合 Ctrl 键来加以选择。在"选择对象"对话框中可以设置选择对象的类型。

2.4.4　锁定选择的对象

有时用户已经选择了一些对象，并且要对其进行操作，但偶尔可能会在视图的其他位置单击鼠标左键，则原来选定的对象被释放，不能继续进行操作甚至会产生一些误操作。解决这一问题可以采用锁定选择对象的方法。

图 2-45　"从场景选择"窗口

2.4.5　过滤选择对象

3ds max 2010 允许用户按照对象本身的性质来进行选择，称为"选择过滤器"。在工具栏中为 全部 下拉列表框，通过该下拉列表框可以看到若干种不同的分类形式，如图 2-46 所示。

选择"组合"项，将弹出如图 2-47 所示对话框，用户可以通过左上角的复选框，添加组合类型。例如用户选中"几何体"和"图形"复选框，单击"添加"按钮，则右边"当前组合"列表框中将添加组合类型。

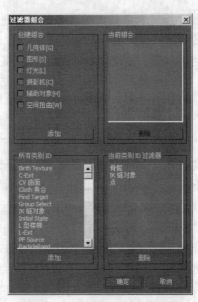

图 2-46　选择过滤器下拉菜单　　　　图 2-47　"过滤器组合"对话框

2.5　对象的变换

变换是 3ds max 2010 中对对象进行的一种基本的编辑方式，指对象的外观、形态的改变，例如位移、旋转和尺寸等方面的调整。

右键单击对象，在弹出的"变换"子菜单中包含的选项有"移动"、"旋转"、"缩放"、"属性"、"曲线编辑器"、"摄影表"、"关联参数"和"转换为"。

2.5.1　对象的移动

"移动"工具可选择对象并在场景中进行位移，单击该按钮后，鼠标会变成一个小十字，此时可以将选定的对象移至用户满意的位置。

当用户需要精确定位对象的位置时，可以选定要定位的对象，并用鼠标右击快捷按钮，将弹出如图 2-48 所示的窗口，此时可以输入精确的位置坐标。

当处于移动状态时，用户也可以在屏幕下方的工具栏中直接键入对象的目标位置，如图 2-49 所示。其中 按钮用于绝对坐标和相对坐标的切换。

图 2-48　移动变换输入窗口

图 2-49　移动对象的坐标

2.5.2　对象的旋转

"旋转"工具可对选择的对象进行旋转的方位变换。单击该按钮后，鼠标将变成一个回转的箭头，此时用户可以通过 X、Y、Z 三轴对对象进行旋转操作。

当用户需要精确定位对象旋转角度时，也可以选定要定位的对象，并用鼠标右击快捷按钮，将弹出如图 2-50 的窗口，使用方法与"移动"基本相同。

2.5.3　对象的缩放

"缩放"工具可对对象的尺寸进行改变。单击该按钮后，鼠标将变成一个三角架的形状，同时被选中对象将出现 X、Y、Z 三轴。"缩放"有三种不同的功能，可以通过工具栏中的下拉按钮来切换，如图 2-51 所示。

（1）"均匀缩放"：将对象进行等尺寸的立体缩放。默认情况下，当鼠标向上移动时，对象三个方向的尺寸同时放大。当鼠标向下移动时，对象同时缩小。当用鼠标拖动 X、Y、Z 中的任一轴，向远离坐标原点的方向移动，则对象相应的尺寸放大，反之缩小。当鼠标处于任两轴之间，连接两轴的连线将加亮显示，这时拖动鼠标将同时改变这两轴的尺寸。

（2）"选择并非均匀缩放"：默认情况下是同时改变任意两轴的尺寸。当鼠标处于特定的方位，将有类似的功能。

图 2-50　旋转变换输入窗口　　　　　　　　图 2-51　缩放按钮组

（3）"选择并挤压"：默认情况下是改变任一轴的尺寸。当鼠标处于两轴夹角之间时，可以同时改变相应两个方向的尺寸。与非等量缩放方式不同之处是，非等量缩放只在确定的方向上有尺寸变化，而挤压在保持对象体积不变的基础上，改变某一方向的尺寸。

※ 实例 2-1　使用矩形选择区域缩放对象

在场景中，使用缩放工具对对象进行缩放操作。

具体操作步骤如下。

（1）创建一个长方体，如图 2-52 所示。

（2）单击工具栏中的  "选择并均匀缩放"按钮，在透视图上向上拖动鼠标，长方体各个方向等量放大，如图 2-53 所示。

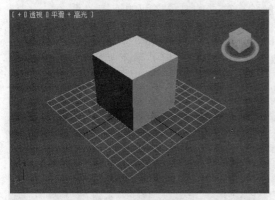

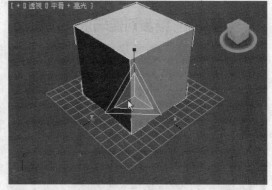

图 2-52　建立场景　　　　　　　　　　图 2-53　等尺寸放大

（3）单击工具栏中的 "选择并非均匀缩放"按钮，在透视图上同时改变 Y、Z 方向的尺寸，如图 2-54 所示。

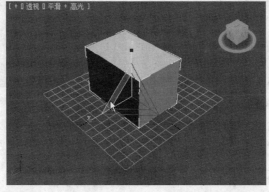

图 2-54　同时缩放 Y、Z 轴

（4）单击工具栏中的 "选择并挤压"按钮，在透视图中挤压 X 轴的尺寸，可以

看到 Y 轴和 Z 轴的尺寸都变大了，而长方体的总体积仍保持不变，如图 2-55 所示。

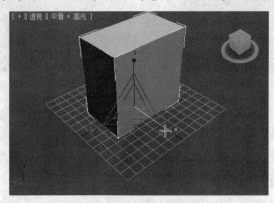

图 2-55　挤压 X 轴

2.5.4　对象的链接

"选择并链接"工具可连接两个对象，使它们建立父体和子体的关系。

"断开当前选择链接"工具的作用是解除已建立的对象之间的连接关系。

※ 实例 2-2　链接对象与取消链接

在场景中，对对象进行链接操作，然后取消对象之间的链接关系。

具体操作步骤如下。

（1）在视图中创建一个球体、四棱锥和长方体，如图 2-56 所示。

（2）单击 按钮，选中球体，按住左键，拖动至四棱锥后释放。此时即建立了二者之间的连接关系。球体是子体，四棱锥是父体。

（3）当用户移动球体时，四棱锥父体是不动的，如图 2-57 所示。

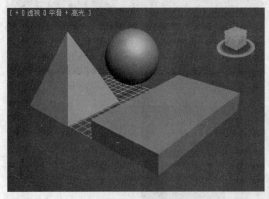

图 2-56　建立场景

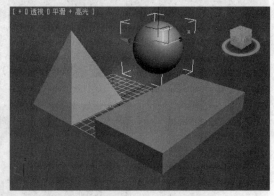

图 2-57　移动球体时四棱锥不动

（4）移动四棱锥，球体会跟着移动，如图 2-58 所示。

（5）选中球体，单击 按钮。此时父体与子体之间的连接关系解除，二者可以独立进行编辑操作。

（6）移动四棱锥，球体不再跟着一起移动，如图 2-59 所示。

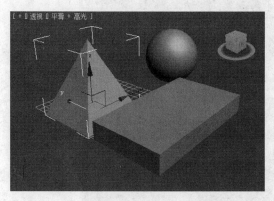
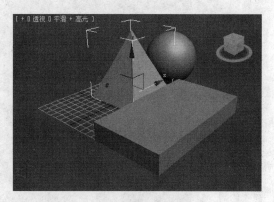

图 2-58　移动四棱锥时球体一起移动　　　　　　图 2-59　移动四棱锥时球体不动

2.6　对象的复制和阵列

2.6.1　对象的复制

　　3ds max 2010 提供了三种复制物体的方法，可以复制一个物体，制作物体的实例复制，或者制作物体的参考复制。它们都具备各自特殊的属性，在对它们进行修改变动时，对每一种物体的复制进行调整后所得到的结果是不一样的。

　　这三种复制物体的方法及其含义如下。

　　（1）"复制"：以原始物体为标准，产生一个与原物体完全一样的独立物体。这里强调的有两点，一点是与原始物体一样；另一点是与原始物体相互独立，即对复制产生的物体进行任何操作都与原始物体无关，而对原始物体的操作也与新产生的物体无关。

　　（2）"实例"：以原始物体为标准，产生原始物体在场景中不同位置的另一种表现形式，原始物体和复制产生的物体互相关联，对任何一个的修改都将影响到另外一个。

　　（3）"参考"：可以看作是单向实例复制，对原始物体的修改将影响复制产生的物体，但对产生的物体的修改不会影响到原始物体。

2.6.2　对象的阵列

　　阵列用于对选择的物体或者选择集进行一连串地有序复制，可以设置复制的数量、类型和阵列变换。使用 3ds max 2010 的阵列功能，可以对对象进行一维、二维、三维的阵列复制。

　　阵列的对话框，如图 2-60 所示。上部的"阵列变换"用于设置复制出的对象与原始对象之间的位置、角度和比例的关系。对象类型用于设置复制对象的方法。阵列维度用于设置对象在一维空间还是在二维平面或者三维空间内进行阵列，同时设置阵列对象在各维度上的位置增量。

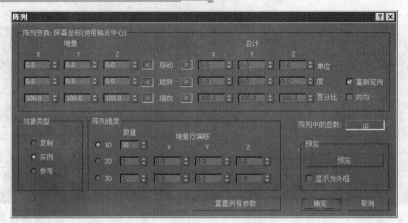

图 2-60　阵列对话框

2.7　坐标与轴心变换

2.7.1　坐标系统

在 3ds max 2010 中可以根据操作的需要设置参考坐标系，以便于对对象的精确定位和旋转角度的确定。设定坐标系统可以在"参考坐标系"下拉菜单中进行，包括以下几种坐标系。

● 通过改变视图窗口类型改变坐标系统。在 3ds max 2010 中，不同的视图类型其所用的坐标系统并不都是相同的，视图类型的改变有时能改变坐标系。例如用户视图与透视视图就有不同的坐标系统。

● "视图"坐标系：设置视图参考坐标系，视图坐标系是 3ds max 2010 中默认坐标方式。在平面视图中，包括顶视图、前视图、左视图中，所有的 X、Y、Z 轴的方向都完全相同。在平面视图中，视图坐标系统是一种相对的坐标系统，没有绝对的坐标方向。但在透视图中，会自动转换成场景坐标系统。

● "屏幕"坐标系：设置屏幕参考坐标系，无论在平面视图，还是在透视图中，X、Y、Z 轴的方向完全相同。屏幕坐标系统较适于正交视图，在非正交视图中有时会发生问题。屏幕坐标系统将依所激活的视图来定义坐标轴的方向，当激活某一视图时，被激活的视图轴向维持不变，但却改变其在空间中的位置。

● "世界"坐标系：设置世界参考坐标系，坐标方位是以场景所在地实际坐标系统为准的。坐标轴的方向将永远保持不变，改变视图时也是如此。

● "父对象"坐标系：设置父对象参考坐标系，若场景中的对象之间有连接关系，则子对象的参考坐标以父对象的坐标系统为准。若不存在连接关系的对象，则系统会采用默认的场景坐标系统。

● "局部"坐标系：设置局部参考坐标系，坐标的原点是对象本身的轴心，坐标是对象本身的坐标系统。当采用此坐标系统时，各对象的形变编辑各自独立。

● "万向"坐标系：设置万向参考坐标系，类似局部坐标系统，但它旋转的三轴并不要求是互相垂直的。当用户旋转欧拉坐标系 X、Y、Z 任一轴时，只有被旋转的轴轨迹发生改变，其他两轴保持不变，这更有利于编辑功能曲线。

- "栅格"坐标系：设置栅格参考坐标系，操作对象时，坐标以格线为基准。
- "拾取"坐标系：设置拾取参考坐标系，所有对象的坐标以选择的对象本身的坐标为基准。

2.7.2　坐标系统的变换

空间坐标系统的变换在 3ds max 2010 中已经变得比较容易，变换主要有三种途径。

- 通过改变视图窗口类型改变坐标系。在 3ds max 2010 中，不同的视图类型其所用的坐标系统并不都是相同的，视图类型的改变有时能改变坐标系。例如用户视图与透视视图就有不同的坐标系统。
- 通过工具栏上的"参考坐标系"下拉列表框进行选择，在下拉列表中显示出所有的空间坐标系统，可根据自己的需要进行选择。
- 执行某些操作时，系统会自动为用户调整坐标系统，例如对两物体进行连接，就会调用主物体坐标系统，创建虚拟物体时就会使用网格坐标系统等。

※ 实例 2-3　参考坐标系的变换

在场景中，使用特定的参考坐标系，对对象进行移动和旋转等操作。

具体操作步骤如下。

（1）创建两个长方体和一个四棱锥，如图 2-61 所示。

（2）在"参考坐标系"下拉列表框中选择"屏幕"坐标系，在前视图中拖动四棱锥对象，四棱锥沿地平面的 X 方向运动，如图 2-62 所示。

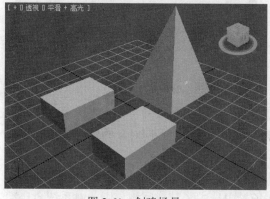
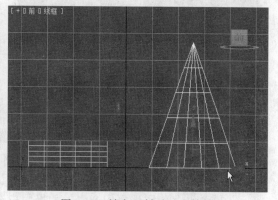

图 2-61　创建场景　　　　　　　　　图 2-62　锁定 X 轴移动四棱锥

（3）单击左视图，此视图的坐标轴将翻转，X 轴仍为水平方向，Y 轴仍为垂直方向，拖动四棱锥，对象仍沿平行于屏幕的方向移动，如图 2-63 所示。

（4）单击 ⟳ 按钮，在场景中选择一个长方体，按住鼠标左键不放并拖动鼠标，将圆环绕 Y 轴旋转 45°，如图 2-64 所示。

（5）在"参考坐标系"下拉列表框中选择"局部"坐标系，选择长方体对象，可同时观察到各视图中坐标轴的变化。

（6）在透视图中单击拖动长方体对象，长方体对象向上滑动如图 2-65 所示。

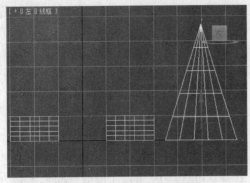

图 2-63　锁定 X 轴移动四棱锥

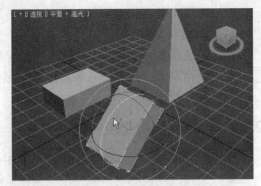

图 2-64　旋转长方体

（7）在场景中选择四棱锥。在"参考坐标系"下拉列表框中选择"拾取"坐标系，单击旋转后的长方体对象，此时可以看到长方体对象的名称出现在坐标系列表中，并且视图中坐标系的方位改变为符合长方体对象的方向。

（8）确定 X 轴约束按钮处于激活状态，在任何视图中拖动四棱锥，此时可以看到四棱锥沿长方体对象表面平行移动，如图 2-66 所示。

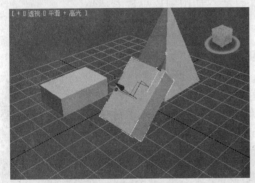

图 2-65　移动长方体

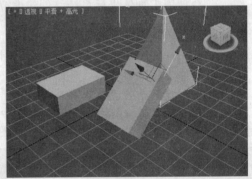

图 2-66　四棱锥沿平行长方体对象表面移动

2.7.3　对象的轴心

在 3ds max 2010 中，对象产生的各种编辑操作的结果都是以轴心作为坐标中心来操作的。"轴心"是指对象编辑时中心定位的位置，用户可以设定不同对象的轴心来控制对象的操作结果。3ds max 2010 中，提供了三种轴心的定位方式。

（1）　"使用轴点中心"：系统的默认设置，此时操作中心是对象的几何中心。

（2）　"使用选择中心"：如果用户在场景中选中了某一区域，则此时系统会自动将操作中心点设在该区域的中点。

（3）　"使用变换坐标中心"：设定操作中心为目前坐标的原点。

※ 实例 2-4　域轴心的使用

在场景中，设置对象的轴心。

具体操作步骤如下。

（1）创建三个球体和一个 L 形挤出，如图 2-67 所示。

（2）在工具栏中单击 按钮，在顶图中选择 L 形挤出对象，此时对象底部出现笛卡儿坐标系。拖动鼠标旋转对象，对象以轴心为中心旋转，如图 2-68 所示。

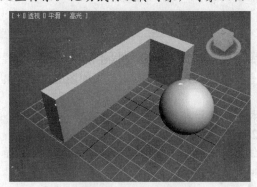

图 2-67　创建场景

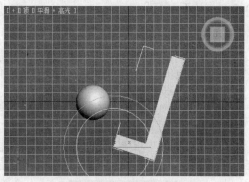

图 2-68　L 形挤出绕轴心旋转

（3）　在坐标轴心下拉按钮中切换坐标轴心按钮为"使用选择中心"选项，此时坐标系移到对象中心位置，旋转对象，可以看到对象绕自身中心点旋转，如图 2-69 所示。

（4）　确定顶视图处于激活状态，单击坐标轴心的"使用变换坐标中心"选项，坐标系跳到原始世界空间的地平面中心点。

（5）　旋转 L 形挤出对象，将绕世界坐标的原点旋转，如图 2-70 所示。

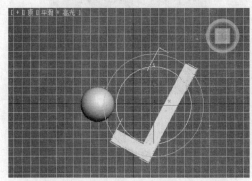

图 2-69　L 形挤出绕自身中心点旋转

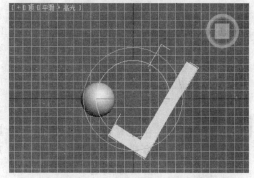

图 2-70　L 形挤出绕坐标原点旋转

（6）　因为可以使用任何对象作为坐标系的参考，所以可以指定空间中的任何一点作为中心点。在"参考坐标系"下拉列表框中选择"拾取"坐标系，单击球体，此时坐标系跳到球体对象的中心。

（7）　在透视图中旋转 L 形挤出对象，对象将绕球体旋转，可以看到此时对象上显示的坐标轴为球体的坐标，如图 2-72 所示。

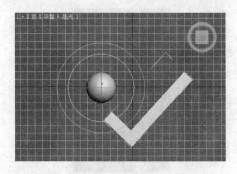

图 2-72　L 形挤出对象绕圆管的中心旋转

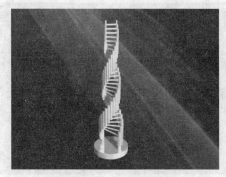

图 2-73　最终效果图

2.8 动手实践

使用对象的阵列和复制功能，制作出一个雕塑模型。首先创建管状体模型，使用克隆功能来进行复制，然后创建两者之间的连接件，使用阵列工具创建模型，效果如图 2-73 所示。

具体操作步骤如下。

（1）在"创建"命令面板中单击"管状体"按钮。在顶视图中拖动鼠标，创建一个"管状体"对象。进入修改命令面板，参照图 2-74 所示设置其基本参数。

（2）在工具栏上，单击 ❖ 按钮，然后按住 Shift 键，在视图中拖动球体到适当位置后松开鼠标，此时弹出"克隆选项"对话框，如图 2-75 所示。

图 2-74 设置基本参数

图 2-75 "克隆选项"对话框

在"对象"区域中的三个单选按钮就表示了三种复制方式。"副本数"编辑框用来确定要复制的对象的数目，"名称"编辑框用于输入新复制的对象名称。

（3）选择"复制"单选按钮，单击"确定"按钮，即可复制产生新的"管状体"对象，如图 2-76 所示。

（4）打开"创建"面板，单击"圆柱体"按钮，在视图中拖动鼠标，创建一个圆柱体，在"参数"卷展栏中修改它的创建参数，将半径设置为 1.0，高度设置为 30.5，如图 2-77 所示。

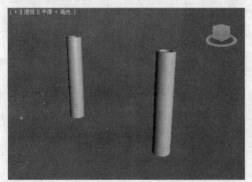

图 2-76 复制"管状体"对象后的场景

图 2-77 设置圆柱体参数

（5）选中圆柱体，在工具栏中单击 按钮，然后在视图中单击左边的球体，弹出"对齐当前选择"对话框，如图 2-78 所示。勾选顶部的"Y 位置"复选框，在"当前对象"和"目标对象"下面均选择"中心"单选按钮。单击"应用"按钮，即将两者在 Y 方向中心对齐，如图 2-79 所示。

图 2-78　"对齐当前选择"对话框

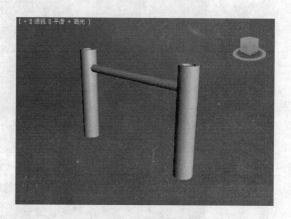

图 2-79　对齐后的模型

> **提示**　在"对齐当前选择"对话框中，"当前对象"代表当前选中的对象，"目标对象"表示用户在单击"对齐"按钮后选择的对象，它们下面的选项表示两个对象以什么方式对齐。

（6）下面将所有对象组成一个整体。选择"编辑"|"全部选择"命令，选中所有对象，然后选择"组"|"成组"命令，弹出"组"对话框，如图 2-80 所示，单击"确定"按钮。

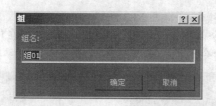

图 2-80　"组"对话框

（7）选择"工具"|"阵列"命令，弹出"阵列"对话框，如图 2-81 所示。在"阵列维度"区域中，选择 1D 单选按钮，并在后面的"数量"编辑框中输入 30，表示复制 30个同样的实体。在"增量"栏"移动"的 Z 数值框中输入 5.0，表示沿 Z 方向进行阵列复制，间距为 5，输入完成后单击"确定"按钮。

（8）这样得到的模型并不理想，没有旋转的因素在里面，下面进行修改。在下拉式菜单"编辑"中，选择"撤消创建阵列"命令，取消刚才的阵列复制操作，以便重新进行阵列复制。

（9）选择"工具"|"阵列"命令，弹出"阵列"对话框，在"增量"栏"旋转"的Z 数值框中输入 15.0，即在阵列复制的同时绕 Z 轴旋转 15°，在"缩放"的 X、Y 数值框内输入 97.5，即在阵列复制的同时缩小到原来的 97.5%。最终参数设置如图 2-82 所示，单

击"确定"按钮。

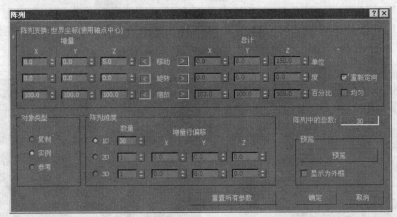

图 2-81　"阵列"对话框

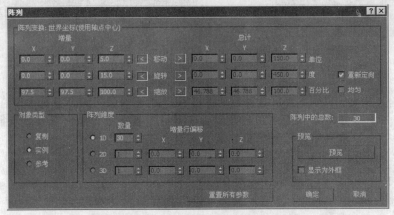

图 2-82　重新阵列复制的参数

（10）阵列完成后的模型，如图 2-83 所示。

（11）在"创建"命令面板中，单击"圆柱体"按钮。在顶视图中拖动鼠标，创建一个圆柱体对象。进入修改命令面板，参照图 2-84 设置其基本参数。

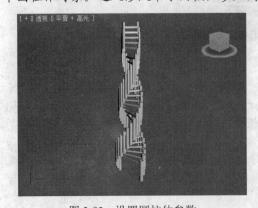

图 2-83　设置圆柱体参数

图 2-84　完成的场景模型

（12）完成的场景模型，如图 2-85 所示。为场景添加合适的材质和背景，按 F9 键渲染透视图，得到的最终效果图如图 2-86 所示。

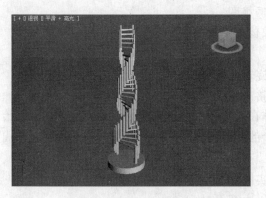

图 2-85　完成的场景模型

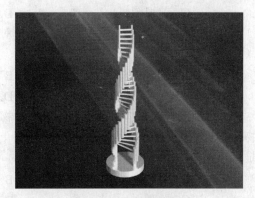

图 2-86　最终效果图

2.9　习题练习

2.9.1　填空题

（1）　在 3ds max 的系统中有三类视图：正交视图、_____和用户视图。

（2）　_____菜单包含了所有 3ds max 中使用的修改器。其功能主要是编辑和修改 3ds max 对象如三维物体、二维图形的形体、贴图或者动画等。

（3）　每一个新创建的对象，系统会对其自动命名，这个名字的命名原则是该对象类型的名字加上_____。

（4）　要同时选择多个对象，可以按住_____键配合鼠标进行选择。

（5）　"选择并挤压"可以同时改变相应两个方向的尺寸。其前提在保持对象_____不变的基础上，改变某一方向的尺寸。

（6）　锁定选择的快捷键是_____键，可以锁定对象或取消锁定。

（7）　当使用"轴点中心"时，操作中心是对象的_____。

2.9.2　选择题

（1）　"克隆"命令位于下面哪个菜单中？（　　　）

　　A. 文件　　　　　　　　　　　B. 工具

　　C. 编辑　　　　　　　　　　　D. 以上都不对

（2）　将独立对象组成群组的命令是（　　　）？

　　A. 解组　　　　　　　　　　　B. 打开

　　C. 分离　　　　　　　　　　　D. 成组

（3）　用户视图采用的是（　　　）？

　　A. 透视视图　　　　　　　　　B. 轴测视图

　　C. 正交视图　　　　　　　　　D. 摄影机视图

（4）　使用快捷键来切换视图时，按 T 键会切换到哪个视图？（　　　）

　　A. 顶视图　　　　　　　　　　B. 左视图

  C. 前视图   D. 透视图

（5）下面哪种缩放工具可以在保持对象体积不变的基础上，改变某一方向的尺寸。
（ ）

  A. 均匀缩放   B. 旋转缩放

  C. 非均匀缩放   D. 挤压缩放

（6）以原始物体为标准，产生原始物体在场景中不同位置的另一种表现形式，原始物体和复制产生的物体互相关联，对任何一个的修改都将影响到另外一个，这种复制方式是以下哪种？（ ）

  A. 复制   B. 实例

  C. 关联   D. 以上都不对

2.9.3 上机练习

（1）运行 3ds max 2010 查看各菜单和按钮，熟悉界面。3ds max 2010 的主界面分为哪几个部分，每一部分的主要作用是什么？

（2）利用 3ds max 2010 中提供的模型对象配合复制、对齐和阵列等工具，制作如图 2-87 所示的桌子模型。

图 2-87 桌子

（3）利用 3ds max 2010 中提供的模型对象配合复制、对齐和阵列等工具，制作如图 2-88 所示的椅子模型。

图 2-88 最终效果图

第3章 创建基本对象

- 创建对象。
- 设置对象的参数。
- 创建标准基本体。
- 创建扩展基本体。
- 创建二维图形。
- 二维图形的渲染。

- **基础内容**：基本对象的创建方法以及参数设置。
- **重点掌握**：本章重点了解一些常用的标准基本体和图形，如球体、矩形等的各项参数的意义和设置方法，通过这些基本对象可以组合成复杂的模型。
- **一般了解**：多种标准基本体和扩展基本体的参数设置，二维图形的渲染方法。

课堂讲解

　　利用 3ds max 制作三维作品，一般需要经过制作和处理两大创作过程。处理分为色彩效果处理（材质与贴图）、视觉效果处理（灯光与摄影）、环境衬托处理（大气效果）以及动画处理等四个过程。制作包括模型的创建和编辑，它是处理的基础，一个良好的基础很重要，因为建立模型的好坏直接影响后面的处理过程。

　　3ds max 中很多对象都有现成的模型，最常用到的是最基本的几何对象，如球体、圆柱体、矩形等，只要选择了要创建对象的模型，通过简单的鼠标拖动或参数键入即可完成对象的创建，而通过参数的设置则可以得到所需要的基本对象。

3.1 创建标准基本体

标准基本体是指简单的三维几何体和日常生活中常见的物体，它们是制作复杂场景的基础。基本三维几何体既可以单独建模（如茶壶），也可以进一步编辑、修改成新的模型。其在建模中的作用就相当于建筑房屋时所用的砖瓦、砂石等原材料。

3ds max 2010 能创建的标准基本体有 10 种，本节将以球体、圆柱体和茶壶的创建为例，来介绍标准基本体的建立。

3.1.1 创建球体

球体表面的网格线是由纵横交错的经纬线组成的。球体的创建方式有"边"和"中心"两种。"边"方式两点连线构成球体的一个最大截面圆的直径，此直径确定了球心的位置和球的半径。"中心"方式是以球心为起点，拖动鼠标形成一条半径，移动鼠标只能改变球的半径，系统默认值为"中心"方式。

"参数"卷展栏，如图 3-1 所示。"分段"微调框可设定构成球体表面的网格线中经线的数目。例如"分段"值为 10 的球体，如图 3-2 所示。

图 3-1　球体的"参数"卷展栏　　　　图 3-2　"分段"值为 10 的球体

"半球"微调框可以调整球体显示的范围，此栏可设定数值的范围是 0～1。当数值为 0 时，对象是完整的球体；数值增大，则球体的下面部分被一个水平平面截掉；当数值为 0.5 时，对象成为一个标准的半球体；当数值为 1 时，对象在视图中完全消失。

"切除"和"挤压"单选按钮可以决定半球的生成方式。当选择"切除"方式时，生成半球是从球体上直接切下一块，剩余半球的分段数减少，分段密度不变；当选择"挤压"方式时，只改变球体的外形，剩余半球的分段数不变，分段密度增加。如图 3-3 所示为"半球"值为 0.4 时的"切除"和"挤压"两种生成半球方式的对比。

图 3-3　切除和挤压两种生成半球方式对比

3.1.2　创建几何球体

球体表面的网格线是由纵横交错的经纬线组成的，几何球体表面的网格线则是由众多的小三角形拼接而成的，两者的区别如图 3-4 所示。

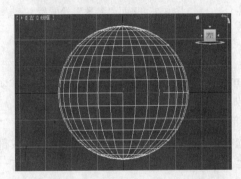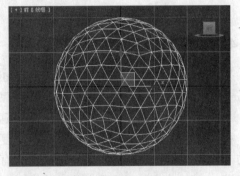

图 3-4　"球体"与"几何球体"表面网格线的对比

从图中可以看出，组成几何球体表面的网格具有更好的对称性，因此，在具有相同分段数的情况下，渲染出的效果"几何球体"比"球体"更光滑。

几何球体的创建方式分为"直径"和"中心"两种。和"球体"对象的创建方式类似，"直径"方式的起点和终点都是球面上的点，"中心"方式则是以球心为起点，系统默认值也是"中心"方式。

图 3-5　几何球体的"参数"卷展栏

几何球体的"参数"卷展栏，如图 3-5 所示。"分段"微调框可以与基点面类型配合，确定网格线中构成几何球体表面的小三角形的数目。如果"分段"值为 n，构成几何球体的基点面为 m 面体，那么该几何球体表面的小三角形数目＝$n \times n \times m$。

3.1.3　创建平面

平面是一种被细分了很多网格的平面，如图 3-6 所示。创建方法有"矩形"和"正方形"两种。

"参数"卷展栏，如图 3-7 所示。"渲染倍增"选项组控制渲染时的"缩放"和"密度"。"总面数"显示"平面"对象一共具有多少个网格面。例如，长度分段数为 3、宽度分段数为 5 的网格平面,其网格面总是为 3×5×2 共 30 个,之所以乘 2 是因为网格平面有正反两面。

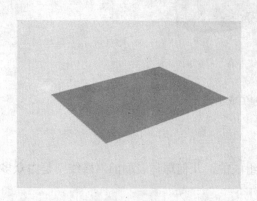

图 3-6 平面

图 3-7 平面"参数"卷展栏

3.1.4 创建茶壶

茶壶是一个结构很复杂的模型,但在 3ds max 中却将它模板化了。这样创建一个茶壶只需要简单地拖动鼠标或输入几个参数即可,如图 3-8 所示。

"参数"卷展栏,如图 3-9 所示。"茶壶部件"选项组有"壶体"、"壶把"、"壶嘴"和"壶盖"四个复选项,通过对四个复选框的操作,可以仅选择茶壶四个组成部分中的一部分或几部分。例如四个选项中只有"壶盖"一项打勾,那么视图中就只有一个壶盖。

图 3-8 茶壶

图 3-9 "参数"卷展栏

3.2 创建扩展基本体

扩展基本体的建立方法和标准三维几何体是一样的,选择所要创建的扩展基本体的模型,然后通过鼠标拖动或键盘输入的方式建立模型。在"创建"命令面板中,单击 按钮,在下面的下拉列表框中，选择"扩展基本体"选项。即可看到"对象类型"卷展栏下用于创建扩展基本体的命令按钮，如图 3-10 所示。

3ds max 2010 能创建的扩展基本体有：异面体、切角长方体、油罐、纺锤、球棱柱、环形波、棱柱、圆环结、切角圆柱体、胶囊、L-Ext、C-Ext 和软管。

扩展基本体的创建步骤和标准基本体的创建步骤基本类似，首先在"创建"命令面板的"对象类型"卷展栏中，单击相应的创建按钮，然后在视图中拖动或者单击鼠标来确定几何体的尺寸，即可创建扩展基本体。

图 3-10　"扩展基本体"命令面板

3.2.1　创建异面体

异面体是扩展基本体中比较简单的一种，也是典型的一种。它只有"参数"卷展栏，如图 3-11 所示。

异面体对象"参数"卷展栏中各参数的意义如下：

（1）"系列"选项组：提供了"异面体"家族的 5 个系列供用户选择，自上而下依次为"四面体"、"立方体"/"八面体"、"十二面体/二十面体"、"星形 1"和"星形 2"共 5 个单选按钮，图 3-12 显示了"异面体"家族系列各物体的外形。

图 3-11　异面体的"参数"卷展栏　　　　图 3-12　"异面体"家族系列各物体的外形

（2）"系列参数"和"轴向比率"选项组：异面体会随参数改变产生相应的变化，用户可以调节参数得到自己需要的几何体模型。

（3）"顶点"选项组：提供了"基点"、"中心"和"中心和边"三种生成方式。

（4）"半径"微调框：设置异面体的轮廓半径。

3.2.2　创建软管

软管体外观像一条塑料水管如图 3-13 所示，其参数设置如图 3-14 所示。

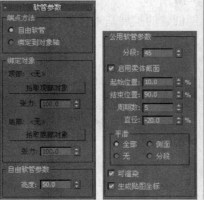

图 3-13　软管

图 3-14　软管"参数"卷展栏

"端点方法"选项组：提供关于软管体的尾端方式的设定。

"公用软管参数"选项组：用来设定一般的参数。

"软管形状"选项组：设定软管体的形状，由软管体两个端面的形状来定义。其中系统默认值为圆形，还可以根据需要选择矩形和 D 形。

※ 实例 3-1　创建软管体

创建一个两端与球体相连的软管体。

具体操作步骤如下。

（1）创建两个球体和一个软管体，注意两个球体之间要有一定的距离。

（2）设定两个球体的半径均为 40。

（3）创建一个软管，单击 ⊘ 按钮打开"修改"命令面板，将鼠标放在参数卷展栏上，待鼠标变为一个小手形状时，向上拖动鼠标，待"软管形状"栏出现后，在其中设定软管体的"直径"值为 25。

（4）再向下拖动鼠标，待"端点方法"栏出现，选择"绑定到对象轴"单选按钮，单击"拾取顶部对象"按钮，并在视图中选择一个球体。

（5）单击"拾取底部对象"按钮，并在视图中选择另一个球体。

（6）设定该栏的两个"张力"值均为 0。此时设定完毕，结果如图 3-15 所示。

（7）在视图中调节两个球体的位置，软管也会随之发生形状改变。

图 3-15　一个两端均与球体相连的软管体

3.2.3　创建环形结

"环形结"是由圆环通过打结得到的扩展基本体，其"创建方法"和"键盘输入"卷展栏与圆环差不多，可以参照圆环的参数特性去理解环形结。环形结的"参数"卷展栏如图 3-16 所示。

环形结有"结"/"圆"两种类型：如果选择了"结"，创建的物体是打结的；如果选择"圆"，创建的物体不打结，此时环形结退化为普通的圆环。系统默认值为"结"。P和 Q 参数设定两个方向上打结的数目，仅当用户选择了"结"单选按钮后有效。

"扭曲数"设定圆环上突出的小弯曲角的数目。"扭曲高度"设定每个弯曲角突出的高度。图 3-17 为圆环结"扭曲数"值为 6，"扭曲高度"值为 2 时的形状。

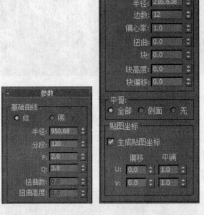

图 3-16　环形的"参数"卷展栏

图 3-17　环形结的效果

"块"参数设定整个环形结上肿块的数目。"块高度"设定环形结上肿块的高度。"块偏移"设定环形结上起始肿块偏离的距离，随着该值的增大，各肿块依次向后推进，但仍保持相同距离，就像环形结在旋转一样，由此可以构成动画。

3.2.4　创建切角长方体

切角长方体是由长方体通过切角的方式得到的扩展基本体，因此，可以通过长方体各参数的意义来理解切角长方体。实际上，切角长方体较之长方体只是多了"切角"和"切角段数"两个参数而已。

※ 实例 3-2　制作沙发

使用切角长方体制作一个沙发模型，如图 3-18所示。

具体操作步骤如下。

（1）在创建命令面板下拉列表框中选择"扩展基本体"项，进入扩展基本体面板，如图 3-19 所示。

（2）单击"切角长方体"按钮，在前视图中创建一个切角长方体。

（3）单击 按钮进入"修改"面板。在"参数"卷展栏下修改切角长方体的参数，得到的切角长方体如图 3-20 所示。

图 3-18　沙发模型

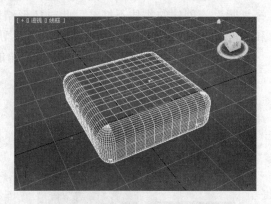

图 3-19　切角长方体修改参数　　　　　　　图 3-20　修改参数后的切角长方体

（4）选中切角长方体，单击 ✛ 按钮，按住 Shift 键移动对象进行复制。在前视图中调整两个切角长方体造型至图 3-21 所示位置。

（5）选中两个切角长方体，再次进行复制。单击 ↻ 按钮将复制出来的两个切角长方体在左视图中旋转并移动至如图 3-22 所示位置，作为靠垫。

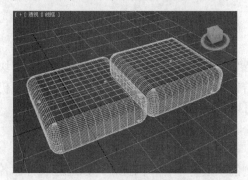

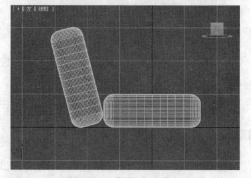

图 3-21　复制切角长方体　　　　　　　　　图 3-22　制作沙发靠垫

（6）制作底座。选择顶视图为当前视图。进入创建三维扩展物体面板，单击"切角长方体"按钮，在"键盘输入"卷展栏下输入切角长方体的参数如图 3-23 所示，然后单击"创建"按钮创建切角长方体。

（7）制作扶手。选择顶视图为当前视图，在"键盘输入"卷展栏下输入参数如图 3-24所示，然后单击"创建"按钮创建切角长方体。

图 3-23　底座参数　　　　　　　　　　　　图 3-24　扶手参数

（8） 按住 Shift 键拖动扶手进行复制。将两个扶手在底座上摆好，如图 3-25 所示。

（9） 将制作好的座垫、靠垫摆放在底座上，选择合适的颜色进行渲染，如图 3-26 所示。

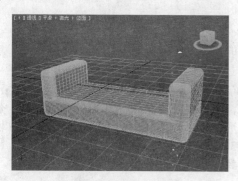

图 3-25　扶手和底座

图 3-26　制作好的沙发

（10） 设置好沙发的材质，再次渲染得到渲染图如图 3-27 所示。

3.2.5　创建环形波

环形波是扩展基本体中比较复杂的一种三维模型。它只有一个参数卷展栏，参数比较多，其造型非常丰富，如图 3-28 所示。环形波的"参数"卷展栏，如图 3-29 所示。

图 3-27　设定好材质的渲染图

图 3-28　环形波

图 3-29　环形波的"参数"卷展栏

"环形波大小"选项组：设置基本的几何参数；"环形波计时"选项组：选择是否播

放环形波的生长过程;"外边波折"和"内边波折"选项组:通过选中"启用"复选框,激活两栏中的参数,并修改两栏的参数值来调整环形波内外部的波齿形式及大小,以达到满意的效果。

※ 实例 3-3 创建旋转的齿轮

在场景中,通过创建环形波来制作一个旋转的齿轮。

具体操作步骤如下。

(1) 重置场景,在"创建"命令面板顶部的下拉列表框中选择"扩展基本体"选项。在"对象类型"卷展栏下,单击"环形波"按钮,在顶视图中拖出"环形波"的底面,然后向上拖动面板,看到"参数"卷展栏。在"环形波大小"区域中的"高度"编辑框中输入所需高度值,即可看到创建的环形波,如图 3-30 所示。

(2) 向上拖动面板,可看到环形波的"参数"卷展栏,如图 3-31 所示。

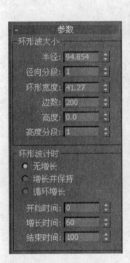

图 3-30　创建的环形波　　　　　图 3-31　环形波的"参数"卷展栏

(3) 在"外边波折"和"内边波折"区域中,可以勾选"启用"复选框激活这两个区域中的参数,通过调整这两个参数栏的参数值来改变几何体的形状,设置如图 3-32 所示的参数。

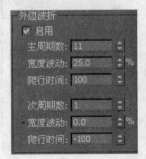

图 3-32　"外边波折"和"内边波折"区域中的参数设置

（4）单击"播放动画"按钮，即可看到一个旋转的齿轮，如图 3-33 所示。

3.3　创建二维图形

二维图形是由节点和与节点相连的线段组合而成。

图 3-33　旋转的齿轮

3ds max 2010 能创建的基本图形包括样条线、NURBS 曲线、扩展样条线三种类型。其中最常用的样条线包括有线、圆、弧、多边形、文本、截面、矩形、椭圆、圆环、星形和螺旋线。

与标准几何体的"对象类型"卷展栏相比，图形的"对象类型"卷展栏中多了一个"开始新图形"复选框。当复选框为打开状态时，表示目前处于"开始新图形"模式，此时新创建的每一个图形都会成为一个新的独立的个体。当复选框为关闭状态时，所有新创建的图形都会作为前选择图形的一部分，并同前选择的图形一起构成一个更新的图形。

下面介绍几个基本概念。

- 节点：指样条曲线任何一端的点、可以通过设置节点的属性来定义这个节点是角点的、平滑的还是"Bezier"类型。其中"Bezier"类型又分为两种，一种是"Bezier角点"，另外一种是"Bezier 平滑"。前者有两个切线手柄，分别控制进入和离开节点的斜率；后者只有一个切线手柄，即进入和离开节点的斜率相等。
- 切线手柄：节点被设置成"Bezier"节点类型后显示切线手柄，拖动切线手柄可控制进入和离开节点的斜率。
- 线段：指两节点之间的样条曲线。
- 步数：指为了表达曲线而将线段分割成小段的数目。较高的步数值创建生成很多的光滑曲线，从而生成光滑的曲面。

二维图形通常有以下 5 种用途。

- 运用"挤出"功能，可以把一个二维平面拉伸成一个有厚度的立体模型，如立体字的制作。
- 运用"车削"功能，可以把一个截面旋转成一个轴对称的三维模型，如柱子的制作。
- 构造放样造型的路径或截面图形。
- 指定动画中物体运动的路径。
- 作为复杂的反关节活动的一种连结方式。

这些用途将在后面的章节中进行介绍。

3.3.1　创建线

线是由节点组成的，它是 3ds max 2010 中最简单的物体。单击"线"按钮，然后在视图中单击，确定第一个节点，然后移动鼠标，再次单击确定第二个节点，依此类推即可确定其他节点。单击鼠标右键，即可完成直线的确定。"线"对象命令面板中的卷展栏如下。

（1）"创建方法"卷展栏：该卷展栏如图 3-34 所示。

图 3-34 "创建方法"卷展栏

- "初始类型"选项组：设定单击方式下的线段形式。如果选择"角点"，那么生成的线段是直线；如果选择"平滑"，则生成的线段是光滑曲线。
- "拖动类型"选项组：设定拖动方式下的线段形式。如果选择"角点"，那么经过该点的曲线以该点为顶点组成一条折线；如果选择"平滑"，则经过该点的曲线以该点为顶点组成一条光滑曲线；如果选择"Bezier"，则经过该点的曲线以该点为顶点组成一条贝塞尔曲线。

（2）"键盘输入"卷展栏：利用键盘输入的方式创建"线"对象，实际上等同于使用鼠标的单击方式，但取点更精确。当在"创建方法"卷展栏选择了创建方式后，只需要逐点输入"线"各拐点的 X、Y、Z 坐标值，并单击"添加点"按钮添加该点即可，如图 3-35 所示。单击"关闭"按钮可以使线段闭合，单击"完成"按钮则以刚添加过的一个点为线段的终点。

（3）"插值"卷展栏：插值是二维对象所具有的一种优化方式，当二维对象为光滑曲线时，可以通过插补的方式使曲线更平滑。"插值"卷展栏的几个参数，如图 3-36 所示。

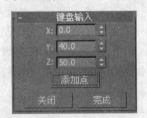

图 3-35 "键盘输入"卷展栏

图 3-36 "插值"卷展栏

- "步数"微调框：设定生成线段的每段中间自动生成的折点数。如果"步数"值为 0，则"光滑"方式无效，即每段都是直线。
- "优化"复选框：选择是否允许系统自动地选择参数进行优化设置。
- "自适应"复选框：选择是否允许系统适应线段的不封闭或不规则。

※ 实例 3-4 创建楼梯模型

在场景中，通过创建并编辑线条得到楼梯轮廓线，添加"挤出"修改器得到楼梯的三维模型，最后使用弯曲修改器使其成为旋梯，如图 3-37 所示。

具体操作步骤如下。

（1）在创建命令面板中单击 按钮，单击"线"按钮，选择前视图，创建一条如图 3-38 所示的封闭曲线，将其命名为"楼梯"。

（2）选择"楼梯"，进入修改面板，进入"线段"次对象编辑模式，在视图中选择底部的斜线，

图 3-37 完成的楼梯模型

打开"几何体"卷展栏，设置"细分"为 50，并单击该按钮，完成后如图 3-39 所示。这

样做是为了"楼梯"在旋转时有更多的截面进行旋转。

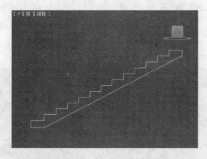

图 3-38 创建楼梯基线

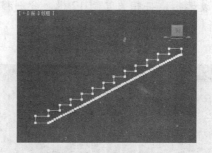

图 3-39 在楼梯底部加入节点

（3）选择"楼梯"，进入修改面板，选择"挤出"修改器。在"参数"卷展栏中设置"数量"为 100，完成后如图 3-40 所示。

（4）选择前视图，单击创建命令面板中"线"按钮，创建一条如图 3-41 所示的样条曲线，将其命名为"扶手"。

图 3-40 拉伸楼梯

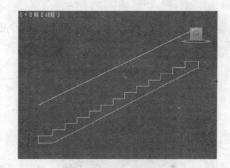

图 3-41 创建扶手

（5）进入修改面板，进入"线段"次对象编辑模式，在视图中选择"扶手"，打开"几何体"卷展栏，设置"细分"为 100，并单击该按钮。在"渲染"卷展栏中设置"厚度"为 4.0，并勾选"在渲染中启用"复选框，如图 3-42 所示。完成后如图 3-42 所示。

（6）选择前视图，单击创建命令面板中的"线"按钮，创建一条垂直的线，将其命名为"扶手柱"。

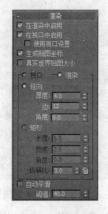

图 3-42 设置渲染参数

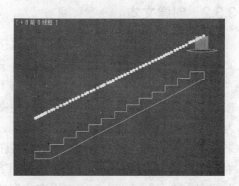

图 3-43 可渲染的扶手对象

（7）进入修改面板，在"渲染"卷展栏中设置"厚度"为 2，并勾选"在渲染中启用"复选框，再相关复制 12 根，分别移动到如图 3-44 所示的位置。

（8）选择"扶手"和"扶手柱"，进行调整，复制一份，移动到如图 3-45 所示的位置。

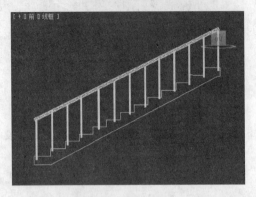

图 3-44　创建扶手柱

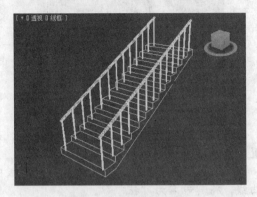

图 3-45　复制对象

（9）选择全部对象，进入修改命令面板，选择"弯曲"修改器，参照图 3-46 所示设置其参数，得到的模型如图 3-47 所示。

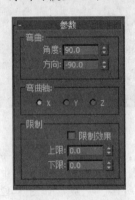

图 3-46　设置"弯曲"参数

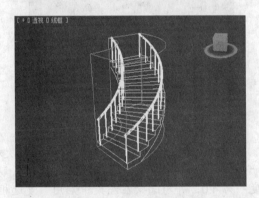

图 3-47　使楼梯弯曲

（10）设置合适的材质与灯光，渲染视图，得到最终的效果如图 3-48 所示。

3.3.2　创建文本

3ds max 2010 允许用户在视图中直接加入文本，并提供了相应的文字编辑功能，文本的"参数"卷展栏如图 3-49 所示。单击下三角按钮用来选择字体类型，单击 I 按钮使文字变为斜体，单击 U 按钮为文字添加下画线，按钮用来设定文字的对齐方式为左对齐，按钮为居中，按钮为右对齐，按钮为分散对齐。下面的文本输入框"大小"用来设定文字的大小，"字间距"用来设定行内文字之间的间距，

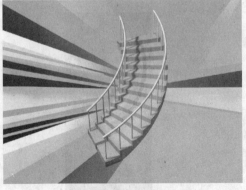

图 3-48　渲染效果图

"行间距"用来设定不同行之间的间距（即行间距），"文本"用来设定文字对象的内容。

※ 实例 3-5　创建图标

　　本实例通过创建文本和线等二维图形，并进行挤出和倒角等操作得到图标造型。在模型制作过程中，首先使用"文本"创建文字部分，使用挤出工具生成三维模型；使用二维线条勾画出背景图案的轮廓，使用"倒角"工具来生成三维模型，效果如图 3-50 所示。

图 3-49　文本的"参数"卷展栏

图 3-50　最终效果图

　　具体操作步骤如下。

　　（1）进入"创建"｜"图形"面板，单击"文本"按钮，在"插值"卷展栏中将"步数"参数设为 8，在"参数"中将字体选择为"Book Antique Bold Italic"，将"大小"数值设为 95.0，在"文本"下面的文本框中输入 MAX NEWS，这是要创建的标题文字的内容。设置好的各项参数如图 3-51 所示。

　　（2）在各项参数都设定好之后，在前视图中合适的位置单击鼠标左键，就会在相应的地方生成文字模型，如图 3-52 所示。

图 3-51　设置文本的参数

图 3-52　生成的标题文字模型

　　（3）接下来要在标题文字的下面创建副标题的文字，单击"文本"按钮，在下拉列表框中将字体选择为 Verdana，将"大小"参数修改为 40.0，将"文本"下文本框中的内容修改为 SPECIAL HOT，在前视图中的相应位置单击鼠标左键，生成副标题的文字模型。

　　（4）在视图中选择文本对象，单击 按钮进入"修改"命令面板。在"修改器列表"下拉列表框中选择"挤出"修改器，将"数量"参数值设为 1。

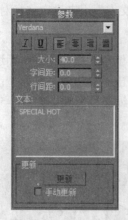

图 3-51　设置副标题的基本参数

图 3-52　生成的副标题文字模型

（5）在"图形"面板中单击"线"按钮，在前视图中创建一条直线，使其位于标题和副标题之间，如图 3-53 所示。

（6）进入修改命令面板，在"渲染"卷展栏中勾选"在渲染中启用"复选框，这样在渲染的时候这条直线也会被渲染，如图 3-54 所示。

图 3-53　绘制直线

图 3-54　设置线条的渲染参数

（7）进入"创建"|"图形"面板，单击"圆"按钮，在前视图中创建一个圆，半径大小设为 200，单击"线"按钮，沿着圆的轨迹绘制一个封闭的曲线。注意在最左侧的两个顶点在圆的范围之外，整个曲线形成一个展开的造型，如图 3-55 所示。

（8）单击 按钮进入"层次"面板，单击"轴"按钮后再单击"仅影响轴"按钮，在视图中选择刚才创建好的曲线。单击工具栏中的 按钮，将物体的旋转轴心向左移动到合适的位置，如图 3-56 所示。再次单击"仅影响轴"按钮，退出轴心编辑模式。

（9）选择"工具"|"阵列"命令，在弹出的"阵列"对话框中参照图 3-57 所示设置其参数，绕着对称轴阵列出 6 条相同的曲线，并且将复制方式选择为"参考"。

（10）阵列操作完成后得到的曲线模型排列如图 3-58 所示，用它们制作标题的背景图案。

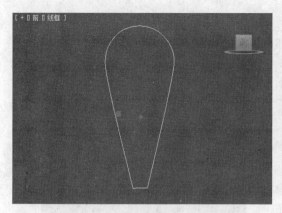

图 3-55 创建轮廓曲线

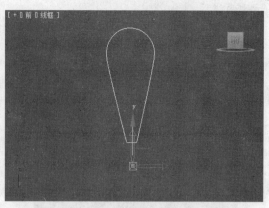

图 3-56 移动曲线模型的旋转轴心

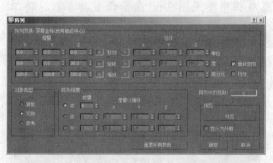

图 3-57 设置"阵列"工具的参数

图 3-58 阵列得到的曲线模型

（11） 单击 按钮进入"修改"命令面板，在"修改器列表"下拉列表框中选择"倒角"修改器。在"参数"卷展栏和"倒角值"卷展栏中参照图 3-59 设置其参数，将二维形体生成一个带倒角的三维形体，生成的模型如图 3-60 所示。

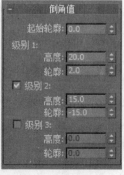

图 3-59 设置"倒角"工具的参数

图 3-60 得到的三维模型

（12） 进入"创建" | "图形"面板，单击"线"按钮，在前视图中绘制如图 3-61 所

示的曲线。

（13）仿照上面的方法将曲线的轴心位置移动到最左侧的尖点位置，使用"阵列"工具阵列出 7 个相同的曲线，旋转角度设为 27.5，得到的曲线造型如图 3-62 所示。

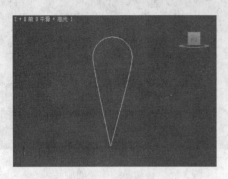 

图 3-61　绘制图标曲线　　　　　　　　　图 3-62　阵列出图标的全部曲线

（14）单击 按钮进入"修改"命令面板，在"修改器列表"下拉列表框中选择"倒角"修改器。在"参数"卷展栏和"倒角值"卷展栏中参照图 3-63 所示设置其参数，将二维形体生成三维模型。

（15）设置合适的材质和灯光，渲染视图，得到的效果如图 3-64 所示。

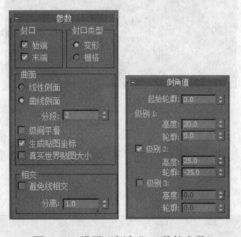 

图 3-63　设置"倒角"工具的参数　　　　　　图 3-64　最终效果图

3.3.3　创建弧

"弧"能够创建出各种各样的圆弧和扇形，它的形状由"半径"、"从"、"到"三个参数和"饼形切片"、"反转"两个复选框决定。其创建步骤如下。

重置场景，在"创建"命令面板中，单击 按钮，在"对象类型"卷展栏中，单击"弧"按钮，然后在顶视图中按下左键并向下拖动至另一点，释放左键确定弦长。在顶视图中移动鼠标指针至合适位置后单击左键，确定弧长的半径。这样就完成了圆弧的创建，如图 3-65 所示。

以上创建的圆弧采用的是"创建方法"卷展栏中的"端点-端点-中央"单选按钮，即先确定弦长，再确定半径；该栏中的"中间-端点-端点"单选按钮是先确定半径，再移动鼠标指针确定弧长。

图 3-66 所示是圆弧的"参数"卷展栏，在这里可以进一步调整圆弧的形状。"半径"确定了圆弧的半径；通过设置"从"和"到"两个参数可以改变圆弧的开口方向和弧长；如果选择了"饼形切片"复选项，圆弧会增加两条半径变为扇形。

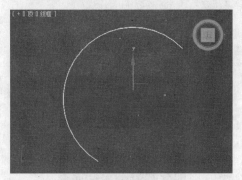

图 3-65　圆弧

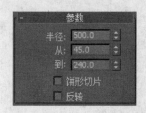

图 3-66　圆环的"参数"卷展栏

3.3.4　创建星形

"星形"是参数较多的二维图形，因而它们的变化形式也比较多。其创建步骤如下。

重置场景，在"创建"命令面板中，单击 按钮，在"对象类型"卷展栏中，单击"星形"按钮，在顶视图中心按下左键，并向外拖动鼠标，释放鼠标后，视图中会出现圆内接多边形，向内移动鼠标指针生成如图 3-67 所示的星形。

星形的"参数"卷展栏，如图 3-68 所示。通过修改"半径 1"和"半径 2"两个参数，可以改变星形的大小和形状，当两者参数值相等时，星形变为圆内接多边形。"点"的参数值决定了星形的角数，上面创建的星形使用的是系统默认初始值 6，如果输入 5 和 12 时，星形就变成五角星和十二角星。"扭曲"参数对星形起扭曲、变形的作用，其值的范围是0～180°。使用"圆角半径 1"和"圆角半径 2"参数可以对星形进行进一步变形。

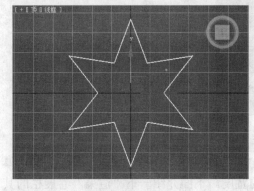

图 3-67　星形

图 3-68　星形的"参数"卷展栏

3.3.5　创建螺旋线

螺旋线对象虽然属于"二维图形"子菜单，却在 *X*、*Y*、*Z* 三个维度上都有分布，是"二维图形"对象里面唯一的三维空间图形，螺旋线的外形如图 3-69 所示。螺旋线对象"参数"卷展栏 3-70 所示。"偏移"微调框：设定螺旋线各圈之间的间隔程度，使其疏密程度发生变化。该值的取值范围是 0～1，越接近 0，底部越密；越接近 1，顶部越密。系统默认值为 0。

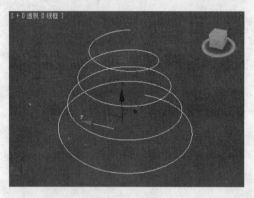

图 3-69　螺旋线

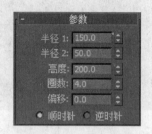

图 3-70　螺旋线参数

3.3.6　二维图形的渲染

二维对象的渲染是比较特殊的，因为二维对象只有形状，没有体积，系统默认情况下是不能被渲染着色而显示出来的，如图 3-71 所示为"线"的"渲染"卷展栏。

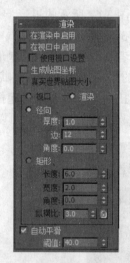

图 3-71　"渲染"卷展栏

如果要对二维对象进行渲染着色，首先要选中"在渲染中启用"复选框，然后设定"厚度"值。"厚度"用来定义构成二维对象的线的宽度。下面介绍一下"渲染"卷展栏的其他参数。

- "在渲染中启用"：此选项可以选择是否在渲染时使用渲染设置。可以选择"渲染"单选按钮进入渲染模式以修改其参数。
- "在视口中启用"：此选项可以选择是否在视口中使用渲染设置。可以选择"视口"单选按钮进入视口模式以修改其参数,效果如图 3-72 所示。

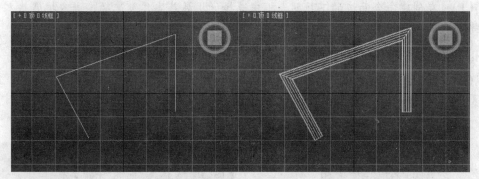

图 3-72 显示视口效果前后的对比

- "生成贴图坐标"复选框:使可渲染的二维对象表面可以进行贴图处理。
- "视口"/"渲染"单选按钮:选择两个之中任一个后,修改"厚度"、"边"和"角度"参数值得到不同模式下的参数。
- "厚度"微调框:厚度值大于零时,构成二维对象的线的截面是个正多边形,类似于正多边形的边长。
- "边"微调框:边数值就是用来设定这个正多边形的边数的。边数值越大,这个截面就越逼近圆形,这与圆环的"边数"参数意义相同。
- "角度"微调框:设定构成二维对象的线的扭转角度,当"边数"值足够大的时候,截面逼近圆形,"角度"的意义不明显;而当"边数"值比较小的时候,增大"角度"值,可以明显看出此截面的旋转。

3.4 动手实践

本实例将制作一个仪器模型,通过创建标准基本体和扩展基本体如切角长方体、圆柱体等,来构造仪器的各个构件,然后通过旋转移动等工具把各部分有机的结合起来,如图 3-73 所示。

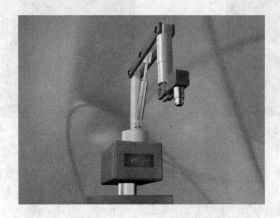

图 3-73 最终效果图

具体操作步骤如下。

（1） 在创建命令面板的下拉列表框中选择"扩展基本体"选项，进入扩展基本体面板。单击"切角长方体"按钮，在顶视图中创建一个切角长方体。

（2） 选中切角长方体，单击 按钮进入"修改"面板。在"参数"卷展栏下修改切角长方体的参数，如图 3-74 所示。

（3） 单击 按钮进入几何体面板，在下拉列表框中选择"标准基本体"选项，进入标准基本体面板。单击"管状体"按钮，创建一个管状模型置于切角长方体上方，如图 3-75 所示。这是仪器的控制台部分。

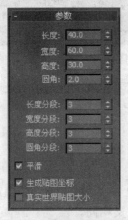

图 3-74　倒角方体修改参数

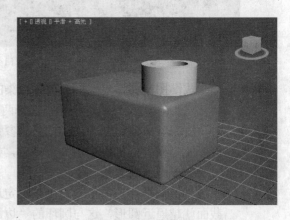

图 3-75　创建管状体

（4） 单击"球体"按钮，创建一个半径和管状体内径相等的球体置于管状体内部，作为活动的球形铰接关节部分。

（5） 在下拉列表框中选择"扩展基本体"选项，进入扩展基本体面板，单击"切角长方体"按钮在顶视图中创建一个切角长方体，并单击 按钮进入"修改"面板。在"参数"卷展栏下修改倒角方体的参数如图 3-76 所示。完成的这部分模型效果如图 3-77 所示。

图 3-76　切角长方体参数

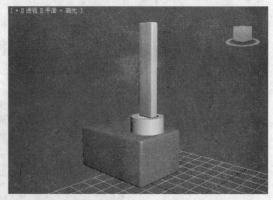

图 3-77　基座模型

（6） 下面来制作仪器向前伸出的支臂部分。单击"切角长方体"按钮在顶视图中创建一个切角长方体，并参照图 3-78 所示设置其参数。选择"编辑"|"克隆"命令，将复制方式选择为"实例"，进行克隆。单击工具栏中的 按钮，将新创建的两个切角长方体移动到竖直支撑的两侧，如图 3-79 所示，并且在关节部分创建一个小的圆柱体作为其连接轴。

（7） 在竖直支撑和水平臂之间靠着液压杆件来传动。切换至前视图，单击"切角长方体"按钮创建两个切角长方体作为附着于竖直支撑上的固定端，参照图 3-80 所示来进行参数设置。

图 3-78　设置切角长方体参数

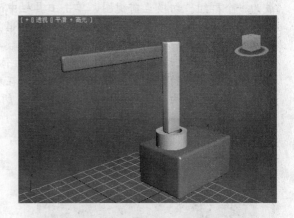

图 3-79　复制并移动水平臂

（8）进入"标准基本体"面板，单击"球体"按钮创建一个圆柱体作为铰接构件，该部分模型如图 3-81 所示。

图 3-80　切角长方体参数

图 3-81　制作球铰端

（9）制作液压传动杆部分。激活顶视图使其成为当前视图，单击"圆柱体"按钮创建三个高度和半径均不相同的圆柱体，其中最小的长方体参数如图 3-82 所示。单击 ✛ 按钮使用移动工具将其移动到如图 3-83 所示的位置。

图 3-82　设置圆柱体参数

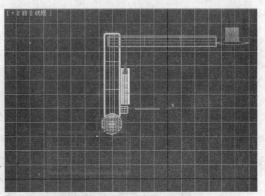

图 3-83　制作液压传动杆模型

（10）　在视图中全部选中液压杆件的三个圆柱体，选择"组" | "成组"命令，使其成为一个群组。切换至前视图，单击工具栏中的 按钮，在平面内进行旋转操作，使液压传动杆恰好连接水平臂和竖直支撑，如图 3-84 所示。在水平臂相应的部分创建一个小的圆柱体作为与液压杆件的连接轴，注意使其参数与水平臂的上一个连接轴一致。

（11）　再次切换至顶视图，单击"圆柱体"按钮创建两个半径和高度不等的圆柱体，作为水平臂以下的竖直臂。切换至前视图，在水平臂和竖直臂连接的地方创建一个小的圆柱体，参数与前两个连接轴一致，如图 3-85 所示。

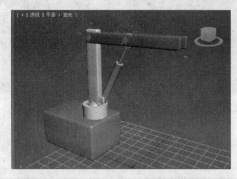

图 3-84　旋转液压传动杆模型　　　　　　　图 3-85　创建竖直臂部分模型

（12）　制作竖直轴与仪器头部构件的连接部分。进入"扩展基本体"面板，单击"切角"按钮在前视图中创建三个切角长方体，如图 3-86 所示。其中中间那个竖直方向与竖直臂连接，两侧的与仪器头部构件连接。进入"标准基本体"面板，单击"圆柱体"按钮创建一个小的圆柱体作为转动轴。

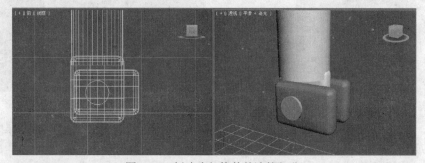

图 3-86　创建头部构件的连接部分

（13）　切换至左视图，单击"圆柱体"按钮创建一个圆柱体位于两个连接片的外侧。进入"扩展基本体"面板，单击"切角长方体"按钮创建一个切角长方体位于圆柱体的外侧，形成仪器头部构件的主体，如图 3-87 所示。

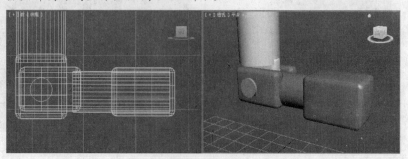

图 3-87　制作仪器的探头部分

（14）　下面来制作仪器的探头部分。切换至顶视图，进入"标准基本体"面板，单击"圆柱体"按钮创建 3 个半径依次减小的圆柱体作为仪器探头，如图 3-88 所示。

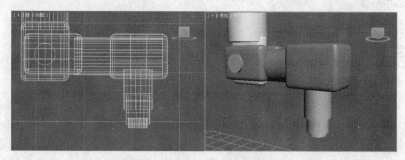

图 3-88　制作仪器的探头部分

（15）　最后给仪器加上最下部的基座，同样由一个圆柱体和一个切角长方体构成，如图 3-89 所示。

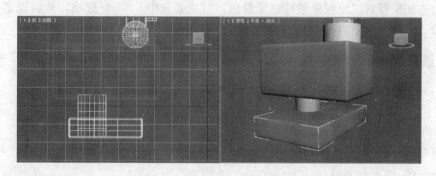

图 3-89　创建仪器的底部基座

（16）　这样完全通过最基本的标准基本体和扩展基本体创建完成了一台精密仪器。可以在透视图中旋转视图来查看各个部分的细节情况，如若有不合适的地方可以立刻进行修正。

（17）　这样就完成了整个模型的创建，如图 3-90 所示。设置合适的背景和材质，按"F9"键进行快速渲染，得到的效果图如图 3-91 所示。

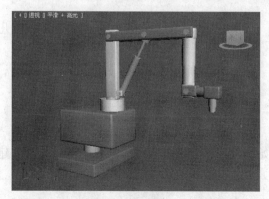

图 3-90　完成的精密仪器模型

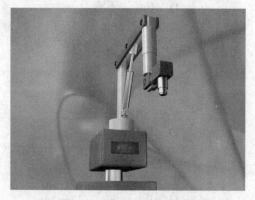

图 3-91　模型最终的效果图

3.5 习题练习

3.5.1 填空题

（1） 球体表面是由_____组成的，而几何球体由_____拼接而成。

（2） "茶壶部件"选项组：其中有_____、_____、_____和_____四个复选框，通过操作可以仅选择茶壶四个组成部分中的一部分或几部分。

（3） 环形结有_____和_____两种类型：如果选择了_____，创建的物体是打结的；如果选择_____，创建的物体不打结，此时环形结退化为普通的圆环。

（4） 3ds max 中除了能创建包括线、圆、弧等的基本线条，还能创建 NURBS 线条和_____线条。

（5） 如果要对二维对象进行渲染着色，首先要选中_____复选框，然后设定____值。

（6） 二维图形节点类型是角点时，节点两侧的线段是_____连接的。

3.5.2 选择题

（1） 创建球体时，若选择了"边"的创建方式，则创建的两点构成（　　　）。

　　A. 球体的一个最大截面圆的直径

　　B. 球体的球心和半径

　　C. 球体的球心和直径

　　D. 以上都不对

（2） 创建球体时，半球参数中若选择了"切除"，则剩余半球的分段数（　　　），分段密度（　　　）。

　　A. 减少、减少

　　B. 不变、减少

　　C. 减少、不变

　　D. 不变、不变

（3） 如果几何球体的"分段"值为 n，构成几何球体的基点面为 m 面体，那么该几何球体表面的小三角形数目为（　　　）。

　　A. $n \times m \times m$

　　B. $n \times 2 \times m$

　　C. $n \times n \times m$

　　D. $n \times 4 \times m$

（4） 在"图形"命令面板中取消"开始新图形"复选框，继续创建图形，此时创建出来的多个图形是否是同一个对象？（　　　）

　　A. 是

　　B. 不是

　　C. 不能确定

　　D. 根据图形的类型确定

（5）螺旋线对象二维图形里面唯一的三维空间图形，其"偏移"参数设定螺旋线各圈之间的间隔程度，该值越接近 0，底部越（　　）。

  A. 疏

  B. 密

  C. 大

  D. 小

（6）二维对象只有形状，没有体积，系统默认情况下是否能被渲染着色而显示出来？
（　　）

  A. 能

  B. 不能

  C. 不能确定

  D. 根据对象的类型确定

（7）下列哪种节点上的两根调整杆不再是一条直线，可以随意更改它们的方向以产生任意的角度？（　　）

  A. 角点

  B. 平滑

  C. Bezier

  D. Bezier 角点

3.5.3　上机练习

（1）利用 3ds max 2010 中提供的模型对象，制作一张木桌，如图 3-92 所示（提示：可以通过创建切角长方体直接创建桌面和桌腿，然后创建小长方体并进行阵列和复制操作得到栅格）。

图 3-92　练习（2）——木桌

（2）利用 3ds max 2010 中提供的模型对象，制作茶几模型，如图 3-93 所示（提示：可以通过创建切角长方体直接创建玻璃台面，然后圆柱体制作茶几腿，使用螺旋线制作腿部装饰线）。

图 3-93　练习（3）——茶几

（3）利用 3ds max 2010 中提供的模型对象，制作一把步枪，如图 3-94 所示（提示：绘制枪的轮廓线条，添加挤出修改器得到模型）。

图 3-94　练习题

（4）利用 3ds max 2010 中提供的模型对象，制作一支签字笔，如图 3-95 所示（提示：绘制笔的轮廓线条，添加车削修改器得到模型）。

图 3-95　练习题

第 4 章　编辑和修改对象

本章要点

- 修改器堆栈的内容。
- 修改器堆栈的使用。
- 多个对象的编辑方法。
- 次对象的选择与编辑。
- 各种常用的修改器。

本章导读

- **基础内容**：主要介绍了修改器堆栈的结构与使用方法。
- **重点掌握**：灵活和熟练地掌握各种修改器的使用方法，能根据需要选择合适的修改器，正确地设置参数。
- **一般了解**：修改器的概念和使用方法，如更改次序和塌陷堆栈等。

课堂讲解

3ds max 2010 对基本对象建模后，就需要进行一系列的编辑修改。所有这些操作步骤都包含在修改器堆栈中，用户在任何时候都可以对它们进行访问和修改，这是一个非常有效的系统。本章将说明编辑对象的基本概念和方法，重点讲解常用的修改命令的使用方法和参数设置。通过本章的学习，读者可了解多种修改编辑器的使用方法，以及如何编辑造型对象。

4.1 修改器概述

修改器堆栈是 3ds max 2010 中大部分对象创建及编辑过程的存储区，每一个对象都有属于自己的堆栈。通过堆栈，可以了解每一个对象的创建过程。

在修改器堆栈中，可以取得并且能够动态地改变对象的所有创建参数，可以向堆栈中添加编辑修改器，使一个对象产生弯曲、扭转、变形，并且可以调整这些变形进而产生动态的变化。

4.1.1 修改器堆栈的结构

"修改"命令面板可划分为 4 个基本区域："名称和颜色区"、"修改器列表"、"修改器堆栈"、"参数"，如图 4-1 所示。

名称和颜色区位于"修改"命令面板的顶部，显示被选对象的名称和颜色，并且可以随时更改。对象名称在文本框中直接修改即可，颜色需单击文本框右边色块，在"对象颜色"对话框中设定所需的颜色。"修改器列表"下拉列表框位于"修改"命令面板的上部，其中显示能对当前选中的对象起作用的编辑修改器。再往下来就是"修改器堆栈"和选择物体的创建参数及调整参数等。

当在修改器堆栈中选择的项目不同时，其下所显示的参数也是不相同的。创建一个长方体，在"修改"面板下，打开"修改器列表"下拉列表框，选择"弯曲"选项，即施加"弯曲"修改器。在"参数"卷展栏下，将"角度"参数设置为 360.0。

此时的修改器堆栈如图 4-2 所示。在修改器堆栈中，选择"box"选项，在下面的"参数"卷展栏下，即可显示出长方体的创建参数。如果选择"bend"选项，则在下面的"参数"卷展栏下，即可显示出"弯曲"修改器的参数。

图 4-1　"修改"命令面板

图 4-2　修改器堆栈

在修改器堆栈的下面，有 5 个按钮，是用来对修改器堆栈进行操作的。其具体功能如下。

（1） "锁定堆栈"按钮：冻结堆栈的当前状态。能够在变换场景物体时，仍然保持原来选择物体的编辑修改器的激活状态。由于"修改"面板总是反映当前选择物体的状态，因而"锁定堆栈"就成为一种特殊情况。这种特殊情况对于协调编辑修改器的最后结果和其他对象的位置及方向非常有帮助。

（2）　"显示最终结果开/关切换"按钮：确定是否显示堆栈中的其他编辑修改器的作用结果。该功能可以直接看到某一项编辑修改器产生的效果，避免其他的编辑修改器产生效果的干扰。通常在观察一项编辑修改器产生效果时，关闭该按钮。在观察所有编辑修改器产生的总效果时，打开该按钮。

（3）　"使唯一"按钮：使物体关联编辑修改器独立。"使唯一" 用来去除共享同一编辑修改器的其他物体的关联。

（4）　"从堆栈中移除修改器"按钮：从堆栈中删除选择的编辑修改器操作。即取消选择的编辑修改器对物体产生的效果。该操作不影响其他编辑修改器产生的效果。

（5）　"配置修改器集"按钮：对修改器进行设置，可以显示修改器的命令按钮，并可设置其显示的按钮数目等。

提示

如果当前编辑修改器在次对象选择模式下，"锁定堆栈"会失效，即不允许变换到其他对象。

4.1.2 设置面板内容

单击"配置修改器集"按钮，可弹出一快捷菜单，如图 4-3 所示。

在菜单的下面，显示了修改器按钮的集合，选择某一修改器按钮的集合后，执行"显示按钮"命令，即可在面板上显示出该修改器按钮集合。例如，选择"网格编辑"，再执行"显示按钮"命令，结果如图 4-4 所示。

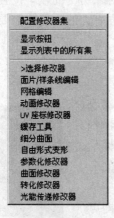

图 4-3　快捷菜单

图 4-4　显示"网格编辑"集合的按钮

如果在快捷菜单上单击"配置修改器集"，即可打开"配置修改器集"对话框，如图 4-5 所示。用户可以从列表中直接选择使用修改器，也可以设置命令面板上要显示的按钮数目以及修改器类型。

在"集"下拉列表框中，可以选择修改器按钮的集合，在"按钮总数"编辑框中，可以设置集合所包含的按钮个数。在"修改器"区域中，可以设置按钮所代表的修改器。设置步骤为：首先单击选择某一按钮，然后在"修改器"列表框中双击要选择的修改器，或者直接将修改器拖到按钮上面，即可将该按钮设置为选择的修改器。

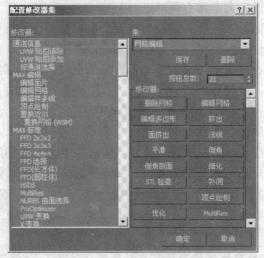

图 4-5   "配置修改器集"对话框

3ds max 2010 中提供了十余种不同类型的修改器，放置在"配置修改器集"对话框左侧的"修改器"窗口中。

4.2   修改器堆栈的使用

给对象的堆栈增加一个修改器后，需要考虑一下修改器在堆栈中的位置，更准确地说是下一个修改器在对象的历史上的位置。例如，贴图放在对象历史的较早位置，特别是在几何体变形之前比较合适，也比较容易。要正确使用这个强有力的功能，需要理解修改器是如何保存的、修改器的计算次序，以及对象元素的使用。

4.2.1   更改修改器的名称

对于修改器堆栈中的名称，用户是可以更改的。给修改器改名的操作很简单，只需要选择修改器，然后在对话框底部输入一个新名称即可，也可以在要更改的修改器名称上右击鼠标，在弹出的快捷菜单中执行"重命名"命令，然后输入相应的名称。例如，在"bend"选项上右击鼠标，在弹出的快捷菜单中执行"重命名"命令，输入"第一类弯曲"，按下 Enter 键，即可将该修改器的名称改为"第一类弯曲"，如图 4-6 所示。

图 4-6   更改修改器的名称

输入的名字将出现在堆栈和轨迹视图中。在使修改器独立的操作中，当与相关修改器断开连接时，就重新设置了修改器的名字。如果修改器已经独立，"使唯一"按钮仍然可以被激活，它可以作为一个快速改名的方法。删除和使修改器独立对修改器选择集的操作与单独修改器的操作一样。

4.2.2　改变修改器的次序

施加给对象的修改器的次序对结果有很大影响，需要仔细规划使用修改器的次序。

修改器堆栈能够使你及时返回任何一点，并且在任何位置放置一个修改器。可以通过在修改器列表中选择要改变次序的修改器，直接按住鼠标拖动到要放置的位置，释放鼠标即可。如果修改器被放在错误的位置，则必须删除错误的修改器，并将它放置在堆栈的合适位置，最初的设置将会保留。当修改器被放在错误位置后，交互视图可以立即显示错误的结果。

4.2.3　塌陷堆栈

由于编辑修改器堆栈不仅记录了物体从创建到修改的每一步操作，而且保留了 3ds max 2010 场景文件中的所有编辑操作。因而编辑修改器对内存的消耗非常巨大，它通常会降低处理器的速度。尽管如此，还是应该尽可能地保留修改器堆栈，直到确信不需要再返回前面的修改器。只有当肯定不会再对修改器做修改后，才能在修改器堆栈中右击选择"全部塌陷"或"塌陷到"修改器。删除或重新排列修改器会改变物体的形状，但是塌陷修改器不会影响物体的外观。

堆栈的塌陷操作会删除掉基本几何体的基本参数，使得系统内存占用较少，文件长度变小，屏幕更新加快。

4.2.4　同时编辑多个对象

当同时对两个以上的对象进行编辑时，既可以个别调整选择集中的单个对象，也可以一次性调整选择集中的全部对象。而且，不论选择的方法如何，与编辑修改器相同的一个关联复制将被指定到选择集中的所有对象上。

1.　对选择集同时操作

"使用轴点"选项关闭后，选择集中的所有物体作为一个物体，并进行编辑调整处理。

2.　对选择集中的单个对象操作

先选择"使用轴点"选项，再选择编辑修改器，则对多个物体进行同样的单独调整。

3.　关联编辑修改器

所谓关联，指在场景中存在设置在不同位置的多个对象，当调整其中的某一个时，其他关联的对象同时发生变化。

4.　独立编辑修改器

单击"使唯一"按钮 ，可以使一个选择集中所有关联复制的编辑修改器都变为相互独立的状态。

4.3　次对象的选择和编辑

在 3ds max 2010 中，有许多编辑修改器，它们分别作用于特定的物体。由于编辑修改器所提供的工具，仅仅对物体的子结构有效，所以编辑调整功能仅用于特定的几何类型。例如对于网格对象来说，次对象包括下面几种类型。

- ■ "顶点"：可以以顶点的方式选择顶点并对其进行编辑修改。
- ■ "边"：可以对物体的边进行选择并进行编辑修改。
- ◢ "面"：可以选择物体的三角形面并进行编辑修改。
- ▣ "多边形"：可以选择物体的四边形面并进行编辑修改。
- ▣ "元素"：可以选择物体的组成部分并进行编辑修改。例如，茶壶由壶嘴、壶盖、壶柄和壶身组成，在"元素"方式下，可以对壶嘴、壶盖等进行选择。

在 3ds max 2010 中，物体模型的结构是由点、线、面三要素构成的，点控制着线，线确定了面，面构成了物体。前面所介绍物体的选择、修改器及修改器堆栈都是针对物体整体的，物体整体的修改编辑功能是十分有限的。在实际操作中，常常需要对构成物体的要素或称为次对象的点、线、面进行编辑控制，制作更为精致的模型。这时，就需要运用 3ds max 2010 所提供的次对象选择和"编辑网格"编辑修改器。

4.4 Gizmo 的调整

对象的编辑修改器事实上是另一种形态的对象。所看到的橘色的线框代表编辑修改器的结构，在此称为 Gizmo。可以使用任何的变换工具来调整其位置、旋转其角度，或者以相对于对象大小来缩放其比例。这些改变将影响到立方体，而当动画记录按钮被打开时，这些效果可以是动态的。Gizmo 是编辑修改器的一部分，如图 4-7 所示，所以就可以对 Gizmo 做动态变化。

当把编辑修改器应用给单个对象时，编辑修改器通常使 Gizmo 与对象一样大小，而且 Gizmo 的中心在对象的轴心点。当在编辑历史中观看时，Gizmo 总是达到对象的几何范围。Gizmo 的形状基本上是一个可视化的视觉帮助，并不是直接影响编辑修改器的效果。产生效果的是 Gizmo 的中心位置和编辑修改器的参数。

图 4-7　Gizmo 对象

当把编辑修改器应用给选择集时，编辑修改器通常将 Gizmo 配置到选择集可能的范围，在选择集边界盒的几何中心处定位它们的中心。最后的结果好像是所有被选对象结合成一个大的对象，而对这个对象只施加一个编辑修改器。

通常，移动 Gizmo 是为了建立新的可视化的参考，而并不是为了控制它的效果，取而代之的是移动次对象的中心。移动 Gizmo 的中心的效果几乎总是与移动 Gizmo 相同，只是 Gizmo 的轮廓与被编辑修改对象的关系不变。移动 Gizmo 后，Gizmo 与应用它的对象分离，这会在建模期间产生一些混乱。

对象轴心点的位置决定编辑修改器中心的起始位置和 Gizmo 自己的局部坐标系的方向，许多编辑修改器提供了旋转效果所必须的参数。如果可能的话，尽量使用诸如 Bend 和 Skew 之类的旋转参数，这是因为它们能保持 Gizmo 边界与被编辑修改对象之间的良好关系。

4.5　常用修改器的使用

修改器的类型很多，可以得到各式各样的编辑效果。下面将介绍常用的几个形变修改器的参数和作用。

4.5.1　挤出修改器

挤出修改器的作用，简单说就是将一个图形对象突出形成一个 3D 立体对象，它的参数设置面板和效果如图 4-8 所示。

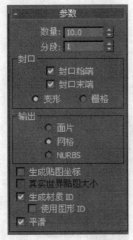
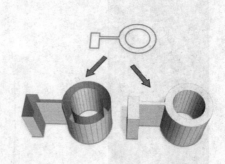

图 4-8　参数面板和效果

常用参数的含义如下。

- "数量"微调框：设定"挤出"的突出厚度。
- "分段"微调框：用以设定"挤出"的突出间断的数目。
- "封口"选项组：用以设定端面的产生方式，其中"封口始端"生成"挤出"的端面起始处。"封口末端"生成"挤出"的端面结束处。"变形"以变形方式产生端面效果。"栅格"以格线方式产生端面效果。
- "输出"选项组：用以设定对象的建立方式，其中，"面片"设定以面片作为基本单位建立对象，若以此方式建立对象，则在进行修改时最好采用"面片"方式。"网格"设定以网面作为基本单位建立对象，若以此方式建立对象，则在修改对象时最好采用"网格"方式。"NURBS"采用非均匀有理 B 样条的输出方式。
- "平滑"复选框：使所建立对象尽可能平衡显示，如果没有什么特殊情况，此复选框最好选上。

4.5.2　车削修改器

车削修改器的作用是将平面二维对象转化为三维旋转体。对于回转对称的物体对象，常用此方法创建，如花瓶、酒瓶等就是旋转体。

当用户选取"车削"操作后，单击"车削"操作前面的＋号，在下拉选项框中选中"轴"

选项，则此时用户拖动对象坐标轴可以相应地改变对象的形状。

它的参数设置面板和效果如图 4-9 所示，在控制面板中有以下一些参数可以设定。

- "度数"微调框：设定"车削"的旋转角度值。其中，"焊接内核"作用是使对象底部平滑，简化网面，但在进行变形操作时，尽量不要选取此项。"翻转法线"作用是设置对象顶点的方向和旋转变形的方向，以使形变对象朝外。
- "分段"微调框：设定"车削"的对象的间断数。
- "封口"选项组：设定端面的产生方式。其中，"封口始端"生成"挤出"的端面起始处；"封口末端"生成"挤出"的端面结束处；"变形"是以变形方式产生端面效果；而"栅格"是以格线方式产生端面效果。

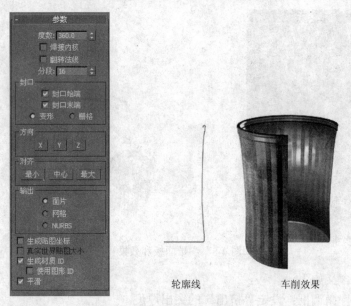

轮廓线　　　　　车削效果

图 4-9　参数设置面板和效果

※ 实例 4-1　餐具

通过车削工具创建一套餐具模型，创建陶罐和碗的轮廓线条，添加车削修改器得到三维模型，如图 4-10 所示。

图 4-10　餐具的效果图

具体操作步骤如下。

（1）进入"创建"｜"图形"面板，单击"线"按钮，在前视图中绘制陶罐的剖面如图 4-11 所示。

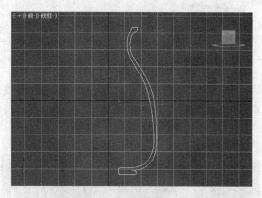

图 4-11　陶罐剖面图

（2）选中陶罐的剖面，单击■按钮进入"修改"面板。在"修改器列表"下拉列表框中选择"编辑样条线"修改器，单击■按钮，这时陶罐剖面上的节点都显示出来了。依次单击曲线上各节点，单击鼠标右键，在弹出的快捷菜单中可以将节点类型选择为"平滑"方式，如图 4-12 所示。

（3）重复上面的过程，绘制一条封闭曲线作为瓷碗的轮廓曲线，如图 4-13 所示。

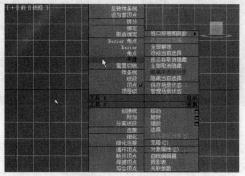

图 4-12　单击鼠标右键弹出菜单

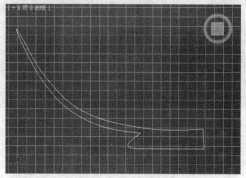

图 4-13　瓷碗剖面图

（4）在视图区中选择陶罐剖面曲线，单击■按钮进入"修改"面板。在"修改器列表"下拉列表框中选择"车削"修改器，在"参数"卷展栏中设置参数如图 4-14 所示，并单击"对齐"栏下的"最小"按钮，这时截面旋转成了陶罐的形状，如图 4-15 所示。

图 4-14　"参数"卷展栏参数

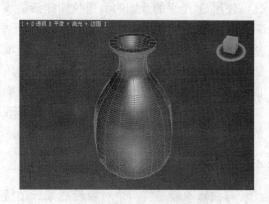

图 4-15　得到的陶罐模型

"车削"修改器默认为绕"中心"旋转，所以在刚刚陶罐剖面旋转后得到的造型很奇怪，单击"最小"按钮后得到了陶罐的造型。

（5）在视图区中选中瓷碗的轮廓曲线，重复上面的过程，旋转生成瓷碗模型，如图4-16所示。

（6）按住 Shift 键拖动陶罐进行复制。对复制出的陶罐通过缩放工具改变大小，并改变颜色，摆好位置，如图4-17所示。

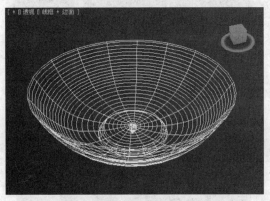

图4-16　旋转生成的瓷碗模型

图4-17　复制陶罐并进行缩放

（7）在视图中选择一个陶罐，然后在"修改"面板中单击"线"左侧的＋号展开，选择"顶点"选项，在视图中对曲线进行编辑，以得到形状不同的陶罐。

（8）在视图中选中瓷碗模型，单击工具栏中的按钮，进行旋转，然后使用移动工具将其移动到陶罐附近。

（9）给陶罐和瓷碗指定材质，按 F9 键进行渲染，得到的渲染图如图4-18所示。

4.5.3　倒角修改器

使用 3 个平的或圆的倒角拉伸样条曲线，常用于制作三维立体文字。倒角修改器类似于挤出修改器，倒角修改器也有"封口"选项。"线性侧面"和"曲线侧面"用于设定倒角斜面是直线还是曲线，通过"高度"和"轮廓"可以设定每一级倒角斜面的形状。倒角修改器的使用效果如图4-19所示。

4.5.4　弯曲修改器

弯曲修改器是将一个对象沿着某一个特定的轴向进行弯曲变形的操作，它的参数设置面

图4-18　最终渲染图

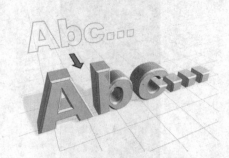

图4-19　倒角修改器效果图

板和效果如图 4-20 所示。

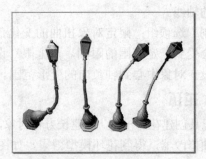

图 4-20 参数面板和效果

在控制面板中有以下一些参数可以设定。

- "弯曲"选项组：设定对象弯曲的角度和方向，包括"角度"和"方向"两个参数。"角度"设定对象在轴向面的弯曲角度；"方向"设定对象在轴向面的弯曲方向。
- "弯曲轴"选项组：设定对象弯曲的方向轴，有 X、Y 和 Z 轴。
- "限制"选项组：包括"限制效果"，选定此项时，对象的变形会受到上下方向的限制。"上限"设定对象中心到轴正向的变形范围；"下限"设定对象中心到轴负向的变形范围。

此外，单击"弯曲"前的＋号，将展开如图 4-7 所示的菜单，其中有"Gizmo"和"中心"两个选项。选中"Gizmo"选项时，视图上对象的框线是黄色的，此时改变对象，黄色框线和对象的中心轴一起变化，对象的大小会发生变化，但黄色框线形状不变。当选中"中心"选项时，视图上对象的框线是橘红色的，此时改变对象，中心轴会发生移动，但橘红色的框线原地不动，橘红色框线将与对象随着中心轴的移动而发生形变。

4.5.5 扭曲修改器

扭曲修改器的作用是使对象产生沿着单一轴向扭曲的效果。扭曲的参数设置面板和效果如图 4-21 所示。

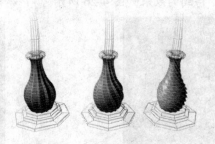

图 4-21 参数面板和效果

在控制面板中的参数如下。

- "扭曲"选项组：设置对象扭曲的程度。其中"角度"设定对象扭曲轴向的角度，

"偏移"设定对象扭曲偏向的端点,范围从-100 到+100。

● "扭曲轴"选项组:设置对象扭曲的轴线,X、Y、Z 三个互斥选项用于设定对象扭曲的轴线。

● "限制"选项组:限定对象扭曲的变化范围。"限制效果"选定此项时,对象的形变会受到一定范围的限制,"上限"设定对象中心到轴正向的变形范围,"下限"设定对象中心到轴负向的变形范围。

※ 实例 4-2 花环

通过扭曲工具创建花环模型。创建长方体对象,添加扭曲和弯曲修改器,得到花环模型效果,如图 4-22 所示。

图 4-22 花环的效果图

具体操作步骤如下。

(1)在创建命令面板中单击"长方体"按钮,创建一个长方体。

(2)在"参数"卷展栏下,将"长度"、"宽度"和"高度"改为 20.0、20.0 和 120.0,同时将"长度分段"和"宽度分段"设为 6,"高度分段"设置为 64,如图 4-23 所示。得到的长方体如图 4-24 所示。

图 4-23 设置长方体参数

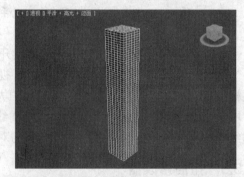

图 4-24 创建的长方体对象

(3)下面对长方体施加"扭曲"修改器,使长方体变为麻花状。打开"修改"面板,在下拉列表框中选择"扭曲"修改器,在"参数"卷展栏下面修改"扭曲"修改器的参数,如图 4-25 所示。得到的效果如图 4-26 所示。

图 4-25 设置"扭曲"修改器的参数

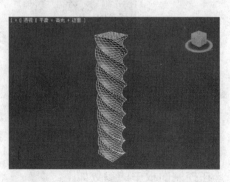

图 4-26 施加"扭曲"调整后的长方体

（4）在"修改器列表"下拉列表框中选择"弯曲"修改器，然后在"参数"卷展栏下修改参数，将"角度"参数改为360.0，如图4-27所示。得到的模型如图4-28所示。

图4-27 "弯曲"调整的参数

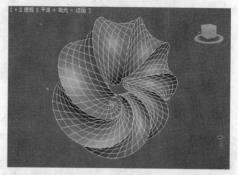

图4-28 花瓣模型

（5）选中花环对象，按住 Shift 键，拖动鼠标，复制一个花环单元，弹出如图 4-29 所示的对话框。选择"复制"单选按钮，单击"确定"按钮。调整复制单元的位置，使它与原来的对象紧密相连，以便将来作为花环的中心，如图4-30所示。

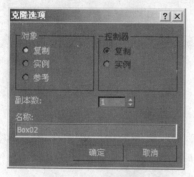

图4-29 复制花瓣单元对象

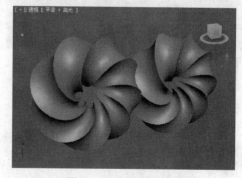

图4-30 复制后的模型

（6）接下来将原来的花环对象围绕复制的花环对象做一个圆周阵列复制。首先在复制花环的中心建立一个环绕中心的帮助物体，这里需读者注意的一点是，帮助物体只是起到参考作用，在渲染时并不显示。

（7）在创建面板上单击 按钮，进入辅助物体控制面板，单击"点"按钮，在复制花环对象的中心单击鼠标，创建帮助点。

（8）在工具栏上的坐标下拉列表框中选择"拾取"工具，然后在视图中选择帮助物体，选择"工具"|"阵列"命令，在弹出的对话框中输入如图4-31所示的参数。

（9）阵列后的场景如图4-32所示，添加材质和背景图后，单击工具栏上的渲染产品工具，渲染结果如图4-33所示。

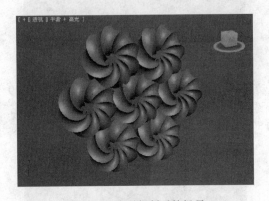

图 4-31　阵列参数对话框

图 4-32　阵列复制后的场景

图 4-33　渲染结果

4.5.6　锥化修改器

锥化修改器的作用是使对象沿着某一轴向，一端大，一端小，从而产生一定形变的效果，渐变的参数设置面板如图 4-34 所示。在控制面板中有以下一些参数可以设定。

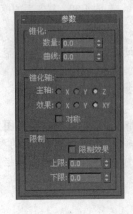

图 4-34　参数面板和效果

● "锥化"选项组：设定渐变量，包括"数量"和"曲线"。"数量"设定渐变效果的程度，当该值为正时，表示放大的效果；当该值为负时，表示缩小的效果。"曲线"设定对象的弯曲效果，当该值为正时，表示外凸的效果；当该值为负时，表示内凹的效果。

● "锥化轴"选项组：设定对象渐变的轴向。"主轴"设定渐变的轴向，可为 X 轴、Y 轴或 Z 轴，默认情况下为 Z 轴。"效果"设定渐变效果的轴向，默认情况下为 XY 轴。"对称"选中该选项时，对象以形变中心为基准，产生对称的造型。

● "限制"选项组：设定对象形变的范围。其中，"限制效果"选定此项时，对象的形变会受到一定范围的限制。"上限"设定对象中心到轴正向的变形范围。"下限"设定对象中心到轴负向的变形范围。

与"弯曲"参数设定类似，"锥化"也存在着"Gizmo"和"中心"两种切换模式。

4.5.7　噪波修改器

噪波修改器是使对象的表面产生杂乱不规则的变化，使它产生扭曲变形的效果。噪波效果的参数设置面板和效果，如图 4-35 所示。

图 4-35　参数设定面板和效果

在控制面板中参数如下。

● "噪波"选项组：设定噪波的产生方式，包括，"种子"设定噪波产生的数目。"比例"设定噪波编辑效果的级别，数值越大，对象表面的凹凸比较平顺；数值越小，对象表面的凹凸比较细碎。"分形"设定以碎片数学的方式产生噪波效果。"粗糙度"控制凹凸起伏的程度。"迭代次数"设定碎片数学运算的次数，数值越小，表面越平衡；数值越大，表面越粗糙。

● "强度"选项组：设定噪波对对象的影响程度，其中 X、Y、Z 表示对噪波对象的三维方向上的轴向设置。

● "动画"选项组：设定噪波的动画效果，其中，"动画噪波"使噪波效果动态化。"频率"设定噪波效果的快慢，以决定效果的速度。"相位"设定噪波效果的动态化相位。

※ 实例 4-3 陨石

本实例使用"噪波"修改器制作陨石模型，如图 4-36 所示。首先创建一个球体，反复添加"细化"和"噪波"修改器，直至达到满意的效果为止。

图 4-36　陨石的效果图

具体操作步骤如下。

（1）单击顶视图将其设为当前视图。在"创建"命令面板中单击"球体"按钮，在视图中创建一个球体。

（2）单击 按钮进入"修改"面板。在"参数"卷展栏下设置"半径"为 150.0；"分段"为 8，如图 4-37 所示。创建的球体，如图 4-38 所示。

图 4-37　设置球体的参数

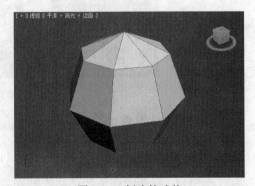

图 4-38　创建的球体

（3）在"修改器列表"下拉列表框中选择"噪波"工具，参照图 4-39 所示来设置该工具的基本参数，将 X 方向设为 35.0，Y 方向设为 50.0，Z 方向设为 75.0，变形后的效果如图 4-40 所示。

图 4-39　设置"噪波"工具基本参数

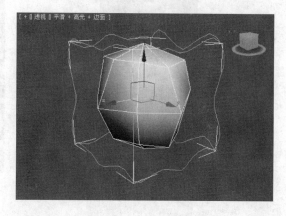

图 4-40　球体变形效果

（4）在"修改器列表"下拉列表框中选择"细化"工具，参照图 4-41 所示来设置该工具的基本参数，将"张力"参数设为 5.0，"迭代次数"选择为 1，这时球体的顶点已经得到了细化，如图 4-42 所示。

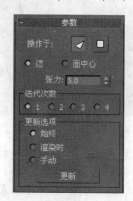

图 4-41　设置"细化"工具基本参数

图 4-42　球体顶点细化效果

　　"细化"修改器可以将原有的模型进行进一步的细化处理，增加模型的顶点数，在这一点上与"网格平滑"修改器相似，两者的区别在于，"细化"修改器并不会进行光滑处理。

（5）在"修改器列表"下拉列表框中选择"噪波"工具，参照图 4-43 所示来设置该工具的基本参数，将 X 方向设为 25.0，Y 方向设为 40.0，Z 方向设为 60.0，变形后的效果如图 4-44 所示。

（6）在"修改器列表"下拉列表框中选择"细化"工具，参照图 4-45 所示来设置该工具的基本参数，将"张力"参数设为 15.0，"迭代次数"选择为 1，进一步细化陨石模型，如图 4-46 所示。

（7）在"修改器列表"下拉列表框中选择"噪波"工具，参照图 4-47 所示来设置该工具的基本参数，将 X 方向设为 30.0，Y 方向设为 30.0，Z 方向设为 30.0。

图 4-43　设置"噪波"工具基本参数

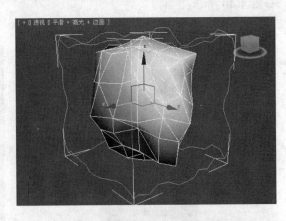

图 4-44　球体进一步变形效果

图 4-45　设置"细化"工具基本参数

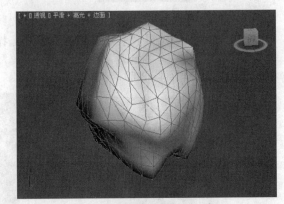

图 4-46　球体顶点细化效果

（8）选中陨石模型，选择"编辑"|"克隆"命令，将复制方式选择为"复制"，复制得到另一个陨石模型。单击主工具栏中的■按钮，将其缩小到原来的30%大小。

（9）重复上面的过程，继续复制陨石模型，并使用移动工具调整其相对位置，调整好的场景模型如图4-48所示。

图 4-47　设置"噪波"工具基本参数

图 4-48　场景模型

（10） 为场景添加材质和灯光，完成的效果图如图 4-49 所示。

图 4-49 陨石最终效果图

4.6 动手实践

本实例通过多种修改器得到红烛模型，如图 4-50 所示。首先通过对圆柱体添加"噪波"修改器来创建红烛的实体模型，通过对样条曲线添加"车削"修改器得到烛泪模型，通过 FFD 修改器对圆柱体进行编辑得到烛芯模型，通过对样条曲线添加"倒角"修改器得到蜡油模型。

图 4-50 红烛模型最终效果图

具体操作步骤如下。

（1） 在"创建"命令面板中单击"圆柱体"按钮，在顶视图中拖动鼠标创建一个圆柱体，在"名称和颜色"卷展栏中的文本框里输入线条的名字"红烛"。

（2） 单击  按钮进入"修改"面板，参照图 4-51 所示设置其参数，得到的圆柱体如图 4-52 所示。

（3） 在"修改器列表"下拉列表框中选择"噪波"修改器，参照图 4-53 所示设置参数，这样圆柱体将变得弯曲，如图 4-54 所示。

图 4-51 设置圆柱体参数

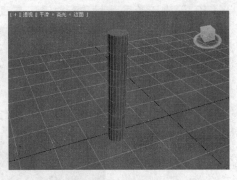

图 4-52 得到的圆柱体

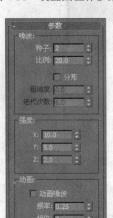

图 4-53 设置"噪波"修改器

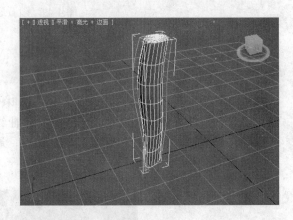

图 4-54 "噪波"修改器的变形结果

（4）红烛燃烧后会产生向下滴落的烛泪和蜡油。激活前视图，进入"创建"|"图形"面板，单击"线"按钮，在前视图创建如图 4-55 所示的曲线。

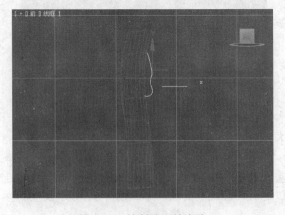

图 4-55 绘制烛泪轮廓线

（5）在"修改"面板的"修改器列表"下拉列表框中选择"车削"修改器，旋转生成三维造型，参照图 4-56 所示设置其参数，将"分段"修改为 32，使用移动工具将其移动到合适位置，如图 4-57 所示。

图 4-56　设置"车削"修改器

图 4-57　车削后的烛泪模型

（6）重复上述过程继续编辑曲线，旋转得到烛泪。创建的曲线参照图 4-58 所示。

（7）为创建的线条添加"车削"修改器，得到的三维模型如图 4-59 所示。

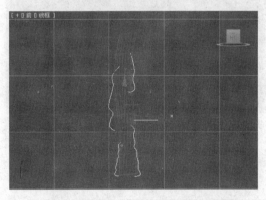

图 4-58　绘制烛泪曲线

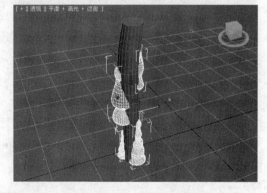

图 4-59　完成的烛泪模型

（8）下面制作红烛的芯。激活顶视图，在"创建"面板中单击"圆柱体"按钮，在顶视图中拖动鼠标创建一个圆柱体作为蜡烛的烛芯。使用移动工具调整好圆柱体的位置，如图 4-60 所示。

（9）在"修改"面板的"修改器列表"下拉列表框中选择"FFD（长方体）"修改器，并参照图 4-61 所示设置其参数。单击"设置点"按钮，在弹出的对话框中将"长度"设为 4，"宽度"设为 6，"高度"设为 4，这样将得到 4×6×4 的方阵。

（10）在"修改"面板的修改器堆栈中单击"FFD（长方体）"前的 + 号展开，单击其下一级的"控制点"选项，进入控制点次物体层级。使用移动工具对方阵上的顶点进行移动编辑，使蜡烛的烛芯变得弯曲，如图 4-62 所示。

（11）下面创建受热熔化流淌到桌面的蜡油模型。在"创建"|"图形"面板中单击"线"按钮，在顶视图中创建蜡油的轮廓曲线。

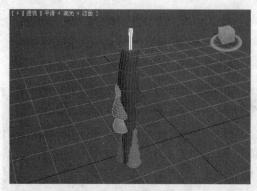

图 4-60　创建烛芯模型　　　　　　　　　　图 4-61　设置"FFD（长方体）"工具参数

（12）进入"修改"面板，在"修改器列表"下拉列表框中选择"编辑样条线"修改器，在"选择"卷展栏中单击█按钮，进入"顶点"次物体层级，选择两条曲线端部上层的顶点。使用移动工具对各顶点进行移动编辑，使曲线变得更加圆滑，如图 4-63 所示。

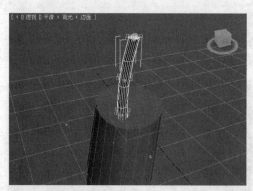

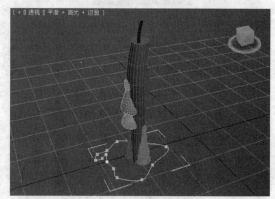

图 4-62　对"FFD（长方体）"控制点进行调节　　　图 4-63　创建烛泪的曲线

（13）在"修改"面板的下拉列表框中选择"倒角"修改器，参照图 4-64 所示设置其参数，得到的三维造型如图 4-65 所示。

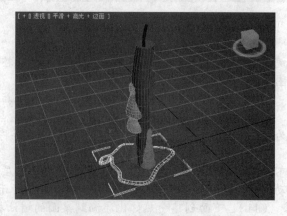

图 4-64　设置"倒角"修改器参数　　　　　图 4-65　倒角的模型效果图

（14）进入创建命令面板，单击"平面"按钮，在顶视图中创建一个平面作为地板，将其置于红烛的正下方，这样就完成了红烛模型的制作，如图 4-66 所示。

（15）　给模型添加合适的材质，得到最终的效果图如图 4-67 所示。

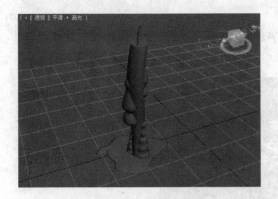

图 4-66　完成的模型效果

图 4-67　添加材质后的效果

4.7　习题练习

4.7.1　填空题

（1）　"锁定堆栈"按钮的作用是_____。

（2）　在"弯曲"修改器的参数中，勾选"限制效果"后可以_____。

（3）　"显示最终结果开/关切换"按钮的作用是_____。

（4）　塌陷堆栈将会使对象耗费较_____的内存。

（5）　"挤出"修改器的作用是_____。

（6）　_____修改器使对象的表面产生杂乱不规则的变化，产生扭曲变形的效果。

4.7.2　选择题

（1）　对象沿着某一个特定的轴向进行弯曲变形的操作，应该选用下面哪种修改器？（　　）

　　　A. 弯曲　　　　　　　B. 锥化

　　　C. 扭曲　　　　　　　D. 噪波

（2）　当把编辑修改器应用到含多个对象的选择集时，编辑修改器的 Gizmo 中心在什么位置？（　　）

　　　A. 最大对象的中心　　　　　　　　B. 选择集边界盒的几何中心

　　　C. 选择集各对象中心的连线中心　　D. 第一个对象的中心

（3）　"噪波"修改器中的"比例"参数设定噪波编辑效果的级别，数值设置加大时对象表面的凹凸则会发生何种变化？

　　　A. 细碎　　　　　　B. 放大　　　　　　C. 粗糙　　　　　　D. 平顺

（4）　通过什么工具可以使一个选择集中所有关联复制的编辑修改器都变为相互独立的状态？

　　A. 塌陷堆栈　　B. 从堆栈中移除修改器　　C. 使唯一　　D. 克隆

4.7.3　上机练习

　　（1）制作如图 4-68 所示的三维立体文字对象（提示：创建文本对象，添加"倒角"修改器）。

图 4-68　练习题（1）——三维立体文字

　　（2）综合应用多种编辑修改器，制作如图 4-69 所示的冰激凌（提示：绘制星形和样条曲线，综合运用"车削"、"挤出"、"扭曲"和"倾斜"等修改器）。

图 4-69　练习题（2）——冰激凌

　　（3）综合应用多种编辑修改器，制作如图 4-70 所示的海面（提示：创建平面和球体模型，添加"细化"和"噪波"修改器）。

图 4-70　练习题（3）——海面

第5章 高级建模方法

本章要点

- 建模方法。
- 网格建模方法。
- NURBS 建模方法。
- 次对象的选择与编辑。

本章导读

- **基础内容**：介绍了常用的高级建模方法；网格建模、NURBS 建模与多边形建模。
- **重点掌握**：网格和多边形建模是使用最为广泛的建模方法，可以把对象转化为可编辑网格（多边形）对象，NURBS 建模是一种比较现代的建模方法，较为灵活。
- **一般了解**：许多造型都是通过对次对象的编辑来完成的，应了解次对象的多种类型和编辑方法。

课堂讲解

在 3ds max 2010 中，可以通过多种方法来造型。一种方法是直接利用系统提供的简单三维造型或平面造型，然后对其施加修改器而得到，这就是前面讲述的造型方法，但在实际创作中，简单造型并不能满足要求。另一种造型方法是借助 3ds max 2010 系统提供的高级造型功能来进行造型。

本章将介绍 3ds max 2010 系统提供的高级造型功能，通过本章的学习，读者可以了解网格建模、多边形建模和 NURBS 建模的各种功能、编辑技巧与特点，以及各自的适用范围及其功能特征的异同。

5.1 建模方法的选择

在介绍高级建模之前，先介绍一下网格建模、NURBS、多边形建模与面片建模的各种功能与特点，这样可以总结出各自的适用范围及其功能特征的异同。

（1）网格建模：优点是制作的模型占用系统资源最少，运行速度最快，在较少的面数下也可制作较复杂的模型。它将多边形划分为三角面，可以使用编辑网格修改器或直接把物体塌陷成可编辑网格来进行建模。

网格建模涉及的技术主要是推拉表面构建基本模型，最后增加平滑网格修改器，进行表面的平滑和提高精度。这种技法大量使用点、线、面的编辑操作，对空间控制能力要求比较高。适合创建复杂的模型。

（2）NURBS 建模：NURBS 全称是非均匀有理 B 样条曲线，NURBS 的网格拓扑结构是依赖于数学公式来搭建的，最后建立的模型密度是完全可操控的，它基于控制节点调节表面曲度，自动计算出表面精度，相对面片建模，NURBS 可使用更少的控制点来表现相同的曲线，但由于曲面的表现是由曲面的算法来决项的，而 NURBS 曲线函数相对高级，因此对 PC 的要求也最高。这种方式的缺点是不合适建有棱有角的东西如建筑等，对于有机生物建模它是不错的一个选择。

在 NURBS 建模中，应用最多的是 U 轴放样技术和 CV 曲线车削技术。U 轴放样与样条曲线的曲线放样相似，先绘制物体的若干横截面的 NURBS 曲线，再用 U 轴放样工具给曲线包上表皮而成模型；CV 曲线车削与样条曲线的车削相似，先绘制物体的 CV 曲线，再车削而形成模型。

（3）多边形建模：是后来在网格编辑基础上发展起来的一种多边形编辑技术，与编辑网格非常相似，它将多边形划分为四边形的面，实质上和编辑网格的操作方法相同，只是换了另一种模式。编辑多边形和编辑网格的面板参数大都相同，但是编辑多边形更适合模型的构建。3ds max 几乎每一次升级都会对可编辑多边形进行技术上的提升，将它打造得更为完美，使它的很多功能都超越了编辑网格成为多边形建模的主要工具。

在 3ds max 2010 中引进了"石墨建模工具"，为多边形建模提供了飞跃式的增强。无论是点、边、边界、多边形的操作或还是选择形式，都能满足最苛刻的制作需求。

（4）面片建模：面片是一种独立的模型类型，面片建模是一种依赖于样条曲线来搭建的建模方式，它的网格拓扑结构是基于样条曲线来控制。面片建模提供了控制柄次对象，类似于 max 中样条曲线的升级版，并可通过调整表面的控制句柄来改变面片的曲率。它同样适合建立圆角的物体或者生物建模，不过操控性没有 NURBS 高，而且到建模后期操控性会很糟糕，这也就是它没能成为一种流行建模方式的原因之一。

面片建模有两种方法：一种是雕塑法，利用编辑面片修改器调整面片的次对象，通过拉扯节点，调整节点的控制柄，将面片塑造成模型；另一种是蒙皮法，即绘制模型的基本线框，然后进入其次对象层级中编辑次对象，最后添加一个曲面修改器而成三维模型。

5.2 网格建模

5.2.1 创建网格对象

在 3ds max 中，由于不能直接创建网格对象，因此要对网格物体进行编辑就必须先进行转换，比如可以创建一个标准物体，然后将它转换为可编辑的网格物体。在这里有两种方法，既可以选择修改编辑命令面板下的"编辑网格"修改器，也可以右击需要转换的物体，在弹出的快捷菜单中选择"转换为"|"转换为可编辑网格"选项。

下面用一个简单的例子来说明如何实现。首先创建一个的长方体，然后右击该物体，在弹出的快捷菜单中选择"转换为"|"转换为可编辑网格"选项，如图 5-1 所示。

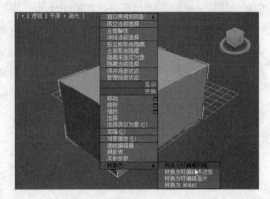

图 5-1 网格对象的编辑菜单

5.2.2 编辑网格对象

当把模型转换可编辑网格之后，就可以对网格对象进行编辑。网格对象最常使用的编辑器是"编辑网格"工具。"网格编辑"修改器是以所编辑对象的"点"、"边"、"面"为参照，对造型进行精细的点面加工。在"修改"面板中选取"网格编辑"工具，进入如图 5-2 所示的参数设定面板。

图 5-2 参数设定面板

（1）"选择"卷展栏：包含与选择有关的选项与命令按钮。

（2）"软选择"卷展栏：软选择，通过曲线控制影响范围与强弱，作用是将选中的对象做柔化处理。

（3）"编辑几何体"卷展栏：包含对几何体整体修改的选项和命令按钮。该卷展栏集中了网格的大部分编辑命令，当选择一个次对象编辑层级时，不可用的操作项目将会以灰色显示，这表明处于未激活状态。

（4）"曲面属性"卷展栏：设定依颜色确定顶点操作中的比重，根据所选择的次对象的不同，该卷展栏呈现不同的内容。

在默认的方式下，整个对象处于被选取的状态，此时可以对对象进行整体的操作，称为"编辑对象"。在"选择"卷展栏中单击进入任意编辑模式，"曲面属性"卷展栏呈现不同的内容，点、边和面次对象对应的"曲面属性"卷展栏，如图 5-3 所示。

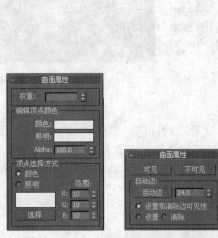

图 5-3   点、边和面次对象对应的"曲面属性"卷展栏

5.2.3   次对象的编辑

对任何选择集合，都可以将其作为模型整体看待，可以使用工具栏中的多种变换工具，对其进行移动、旋转及缩放等各种操作，但对子物体的编辑要注意以下几项。

（1）   如果想在网格的中央使用窗口选择的方式，应使用选择工具，不要使用选择加变换工具。

（2）   选择了次对象后，必须锁定选择集合，以免误操作丢失选择。这在子物体编辑过程中非常重要，因为一不小心就很可能遗漏掉细小的顶点。

（3）   在次对象选择集合方式下，不能选择其他物体或者取消当前选择的物体。如果确定需要选择另一个物体，则必须关闭次对象选择方式。

在向对象施加"编辑网格"修改器后，如果修改对象的创建参数（主要是分段数），可能会影响到其最终的效果。

※ 实例 5-1　制作浴缸模型

创建一个长方体，使用"编辑网格"和"面挤出"工具对次对象进行调整，最后使用"网格平滑"工具进行光滑处理得到浴缸模型，如图 5-4 所示。

图 5-4　完成的浴缸效果图

具体操作步骤如下。

（1）进入"创建"|"几何体"面板，单击"长方体"按钮，在顶视图中建立一个长方体，设定长宽高分别为 165、325 和 40，将"长度分段"设为 6，"宽度分段"设为 6，"高度分段"设为 2，如图 5-5 所示。

（2）进入"修改"面板，在"修改器列表"下拉列表框中选择"编辑网格"修改器。单击"选择"卷展栏中的▢按钮，在顶视图中选定边界上的上表面，如图 5-6 所示。

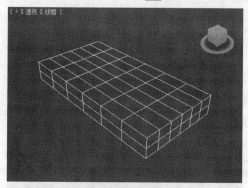

图 5-5　创建长方体

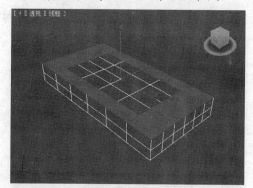

图 5-6　选定上表面边界上的表面

（3）在"修改器列表"下拉列表框中选择"面挤出"工具，将"数量"设为 30.0，选定的表面将挤出 30 个单位的高度，如图 5-7 所示。拉伸得到的表面如图 5-8 所示。

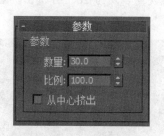

图 5-7　设置"面挤出"参数

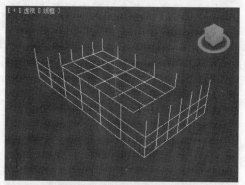

图 5-8　挤出选中的表面

（4）再次在"修改器列表"下拉列表框中选择"编辑网格"修改器。单击"选择"卷展栏中的▢按钮，在顶视图中选定边界上的上表面，如图 5-9 所示。在"修改器列表"下拉列表框中选择"面挤出"修改器，将"数量"设为 30。再挤出一层表面，如图 5-10 所示。

（5）在"修改器列表"下拉列表框中选择"编辑网格"修改器。单击"选择"卷展栏中的▇按钮，选择顶点，单击工具栏的✛按钮，在顶视图中对选择的点进行适当的移动，如图 5-11 所示。

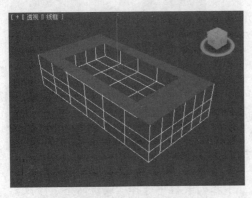

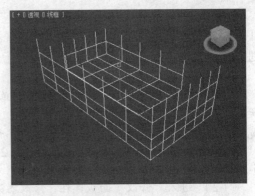

图 5-9　选定上表面边界上的表面　　　　　图 5-10　再次挤出一层表面

（6）切换至前视图，使用移动工具对顶点进行移动，如图 5-12 所示。

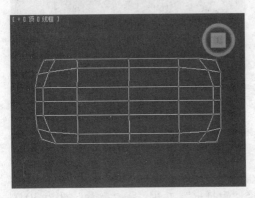

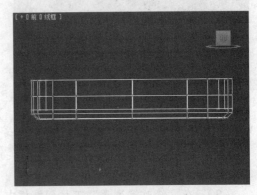

图 5-11　在顶视图中对顶点进行编辑　　　　图 5-12　在前视图中对顶点进行编辑

（7）同样的在左视图中对顶点进行移动，如图 5-13 所示。

（8）单击"选择"卷展栏中的 □ 按钮，在顶视图中选定边界上的上表面，在"修改器列表"下拉列表框中选择"面挤出"修改器，将"数量"设为 20。再挤出一层表面，如图 5-14 所示。

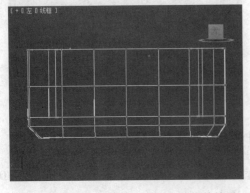

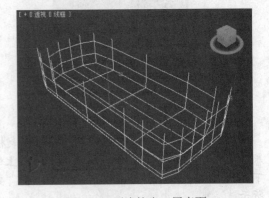

图 5-13　在左视图中对顶点进行编辑的结果　　图 5-14　再次挤出一层表面

（9）在"修改器列表"下拉列表框中选择"编辑网格"修改器。单击"选择"卷展栏中的 ▇ 按钮，选择最顶层的顶点，单击工具栏的 ✛ 按钮，在顶视图中对选择的点进行适当的移动，做出上表面弯曲的细节，如图 5-15 所示。

（10）在"修改器列表"下拉列表框中选择"网格平滑"工具。在"细分量"卷展栏中将"迭代次数"设为 1，如图 5-16 所示，得到光滑后的浴缸如图 5-17 所示。

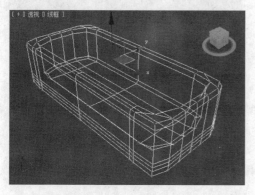

图 5-15　做出上表面的弯曲细节

图 5-16　设置"网格平滑"参数

（11）进入"创建"|"几何体"面板，单击"圆柱体"按钮，在左视图中创建一个圆柱体，将"半径"设为 10，"高度"设为 60，"高度分段"设为 5，"端面分段"设为 2，"边数"设为 10，如图 5-18 所示。

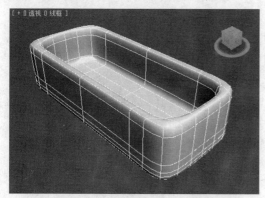

图 5-17　光滑处理后的浴缸模型

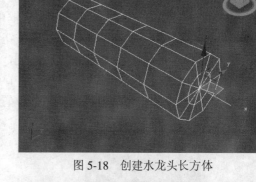

图 5-18　创建水龙头长方体

（12）进入"修改"面板，在"修改器列表"下拉列表框中选择"编辑网格"修改器。在"选择"卷展栏中单击■按钮，选择顶点，单击工具栏的◯按钮，在顶视图中对选择的点进行适当的旋转，再单击工具栏的✛按钮，在顶视图中对选择的点进行适当的移动，如图 5-19 所示。

（13）在"修改器列表"下拉列表框中选择"网格平滑"工具。在"细分量"卷展栏中将"迭代次数"设为 1，得到光滑后的龙头如图 5-20 所示。

（14）为场景添加合适的材质和灯光。按 F9 键进行快速渲染，得到的效果如图 5-21所示。

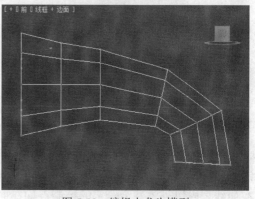

图 5-19　编辑水龙头模型

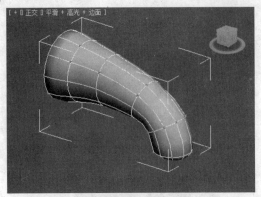

图 5-20　光滑后的水龙头模型

图 5-21　最终效果图

5.3　NURBS 建模

5.3.1　创建 NURBS 对象

1.　创建 NURBS 曲线

3ds max 2010 提供了两种类型的 NURBS 曲线，它们分别是"点曲线"和"CV 曲线"。在面板顶部单击"图形"按钮，在下拉列表框中选择"NURBS 曲线"选项。在"对象类型"卷展栏下，可看到用于创建这两种曲线的按钮，如图 5-22 所示。

"点曲线"同普通的直线创建过程相同，即给出线的关键节点，连成一条线段。但直线的节点与节点之间是直线，"点曲线"的节点与节点之间是光滑的曲线。单击"点曲线"按钮，在"前"视图中拖动鼠标，在适当位置依次单击鼠标，即可创建一个"点曲线"，如图 5-23 所示。

图 5-22　两种类型的"NURBS 曲线"

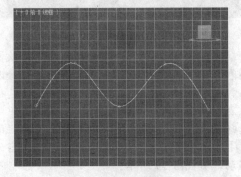

图 5-23　点曲线

"CV 曲线"的创建与"点曲线"及一般的直线均不同。"CV 曲线"实际上是一种控制点曲线，即通过调节在控制点之间的控制线角度形成曲线，除了给定的起始点和终结点在曲线之内以外，其余给定的控制点均在曲线之外。依照创建"点曲线"的方法创建一个"CV 曲线"，如图 5-24 所示。

两种曲线的创建参数栏基本类似，如图 5-25 所示，只是"CV 曲线"的创建参数卷展栏中多了"自动重新参数化"栏用来调整"CV 曲线"的弧度。

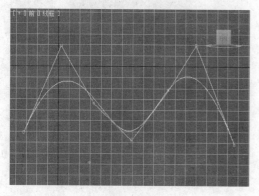

图 5-24　CV 曲线

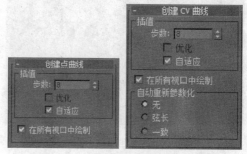

图 5-25　点曲线和 CV 曲线的创建参数

2.　创建 NURBS 曲面

3ds max 2010 提供了两种类型的曲面，它们分别是"点曲面"和"CV 曲面"。

在"创建"面板中的下拉列表框，选择"NURBS曲面"选项。此时在"对象类型"卷展栏下，可看到用于创建"NURBS 曲面"的两个按钮，如图 5-26 所示。

（1）　创建"点曲面"

单击"点曲面"按钮，在视图中拖动鼠标，即可创建一个点曲面，如图 5-27 所示。在面板的"创建参数"

图 5-26　用于创建 NURBS 曲面的按钮

卷展栏下，可看到"点曲面"的创建参数，如图 5-28 所示。"长度点数"和"宽度点数"微调框设置曲面长、宽边上的节点数目，"翻转法线"复选框则可以改变法线方向。

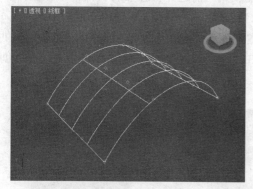

图 5-27　创建的点曲面

图 5-28　"创建参数"卷展栏

（2）　创建"CV 曲面"

在"对象类型"卷展栏下，单击"CV 曲面"按钮，在视图中拖动鼠标，即可创建一个"CV 曲面"，如图 5-29 所示。

"CV 曲面"与"点曲面"参数与修改方法基本相同，如图 5-30 所示。要注意的是长、宽两边上控制点个数的数值范围为 4～50。

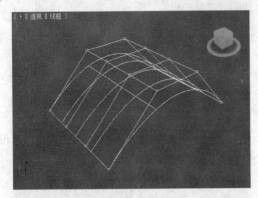

图 5-29 创建的 CV 曲面 　　　　　图 5-30 CV 曲面的创建参数

在"创建参数"卷展栏的"自动重新参数化"选项组中，显示了"无"，"弦长"和"一致"三个系统生成方式选项。

5.3.2 编辑 NURBS 对象

NURBS 曲面分为"点曲面"和"CV 曲面"两种。"点曲面"包括"面"和"点"两个次对象。"CV 曲面"的次对象包括"曲面"、"曲面 CV"的次对象。

创建一个"CV 曲面"曲面，打开"修改"面板，在修改器堆栈中，单击"NURBS 曲面"前的＋号，即可看到"NURBS 曲面"的两个次对象："曲面"和"曲面 CV"。单击"曲面 CV"，此时该次对象以黄色显示，如图 5-31 所示。

此时在面板上出现"CV"卷展栏和"软选择"卷展栏，可用来对"曲面 CV"次对象进行选择和编辑。同样，对"曲面"次对象的操作过程和"曲面 CV"次对象相同。

"常规"卷展栏包含常用的对 NURBS 曲线进行编辑的选项，可对 NURBS 曲线集合总体进行设置，如图 5-32 所示。"附加"可把曲线配属到当前选择状态下的 NURBS 曲线集中。"导入"可把曲线作为一条"导入"曲线合并入当前选择状态下的 NURBS 曲线集中。

"NURBS 创建工具箱"按钮 是"NURBS 曲面"浮动工具箱切换按钮，分三栏提供了多种点、曲线、曲面的建立工具图标，如图 5-33 所示。它完全对应于命令面板下方的"创建点"、"创建线"、"创建面" 3 个卷展栏。

图 5-31 "NURBS 曲面"的次对象 　　图 5-32 "常规"卷展栏 　　图 5-33 "NURBS"浮动工具栏

1. 编辑点次级对象

对于 NURBS 曲线，可以进入相应的顶点次物体层级。对于"点曲线"对象，其顶点次物体层级为"点"；而对于"CV 曲线"对象，其顶点次物体层级为 CV，两者相应的参数面板如图 5-34 所示。

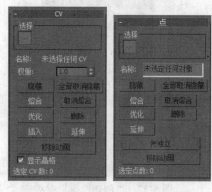

图 5-34　顶点次级对象编辑参数面板

（1）"CV"卷展栏下的参数含义如下。"单个 CV"按钮为单点选择模式，如果要选择多个节点，可按住 Ctrl 键单击可以加入其他的点，按住 Alt 键单击可以取消一个已选择点的选择状态，并且该模式支持鼠标框选择。"熔合"按钮可以牵引两个点，使它们熔合为一个点。"优化"按钮可以在曲线上加入一个新点，同时改变曲线形态。

（2）"点曲线"的修改和"CV 曲线"的修改类似，只是在修改器堆栈中选择"点"次对象，然后使用"点"卷展栏下的功能按钮来进行修改。"点"卷展栏还具有"使独立"按钮，可以将点曲线独立出来。

（3）"创建点"卷展栏

该卷展栏如图 5-35 所示，其中的内容与 NURBS 工具箱中的点区域相对应，如图 5-36 所示。

图 5-35　"创建点"卷展栏

图 5-36　工具箱的点区域

- "创建点"：创建一个自由独立的顶点。
- "创建偏移点"：距离选定点一定距离的偏移位置上创建一个顶点。
- "创建曲线点"：创建一个依附在曲线上的顶点。
- "创建曲线-曲线"：在两条曲线的交叉处创建一个顶点。
- "创建曲面点"：创建一个依附在曲面上的顶点。
- "创建曲面和曲线"：在曲面和曲线的交叉处创建一个顶点。

2. 编辑曲线次级对象

在工具箱的"曲线"区域包括了创建 NURBS 曲线的各种方法，如图 5-37 所示。下面介绍工具箱中的相关工具，曲线工具箱如图 5-38 所示。

- "创建曲线拟合"：可以使一条曲线通过 CV 顶点、独立顶点，曲线的位置与顶点相关联。
- "创建变换曲线"：可以创建一条曲线的复制，并使复制与原始曲线相关联。

图 5-37　"创建曲线"卷展栏

图 5-38　曲线编辑工具箱

- "创建混合曲线"：将一条曲线的端点过渡到另一条曲线的端点。这个命令要求至少有两条 NURBS 曲线次级对象，生成的曲线总是光滑的，并与原始曲线相切。
- "创建偏移曲线"：这个工具和可编辑样条曲线的"轮廓"按钮作用相同。它创建一条曲线的复制，拖动鼠标改变曲线与原始曲线的距离，并且随着距离的改变其大小也随之改变。
- "创建镜像曲线"：创建原始对象的一个镜面复制。
- "创建切角曲线"：在两条曲线的端点之间生成一段直线。
- "创建圆角曲线"：在两条曲线的端点之间生成一段圆弧形的曲线。
- "创建曲面×曲面相交曲线"：在两个曲面交叉处创建一条曲线。如果两个曲面有多个交叉部位，交叉曲线位置在靠近鼠标的地方。
- "创建 U/V 向等参曲线"：在曲面上创建水平和垂直的等参曲线。
- "创建法向投影曲线"：以一条原始曲线为基础，在曲线所组成的曲面法线方向曲面投影。
- "创建向量投影曲线"：这个工具类似创建标准投影曲线工具，只是它们的投影方向不同：向量投影是在曲面的法线方向而标准投影则是在曲线所组成曲面法线方向。
- "创建曲面上的 CV 曲线"：此工具与 CV 曲线非常相似，只是它们与曲面关联。
- "创建曲面上的点曲线"：这个功能和上一个类似，只是它们所创建的曲线类型不一样。
- "创建曲面偏移曲线"：建立一条与曲面关联的曲线，偏移沿着曲面的法线方向，大小随着偏移量而改变。

3. 编辑曲面次级对象

在工具箱的"曲面"区域包括了创建 NURBS 曲面的各种方法，如图 5-39 所示。下面介绍工具箱中的部分相关工具，如图 5-40 所示。

- 创建变换曲面：变换曲面是原始曲面的一个复制。
- 创建混合曲面：在两个曲面的边界之间创建一个光滑曲面。

图 5-39　"创建曲面"卷展栏　　　　　　　　图 5-40　曲面编辑工具箱

- 创建偏移曲面：偏移曲面是在原始曲面的法线方向，在指定距离创建出一个新的关联曲面。
- 创建镜像曲面：镜像曲面是原始曲面在某个轴方向上的镜像复制。
- 创建挤出曲面：将一条曲线拉伸为一个与曲线相关联的曲面，它和"基础"修改器功能类似。
- 创建车削曲面：旋转一条曲线生成一个曲面，和"旋转"修改器功能类似。
- 创建规则曲面：在两条曲线之间创建一个曲面。
- 创建封口曲面：在一条封闭的曲线上加一个盖子，它通常与"挤出"命令联用。
- 创建 U 向放样曲面：在水平方向上创建一个横穿多条 NURBS 曲线的曲面，这些曲线变成曲面水平轴上的轮廓。
- 创建 UV 放样曲面：水平垂直放样曲面和水平放样曲面类似，不仅可以在水平方向上放置曲线，还能在垂直方向上放置曲线，因此它可以更为精确地控制曲面的形状。
- 创建单轨扫描曲面：它和放样物体很类似，单轨扫描至少需要两条曲线，一条作为路径，另一条作为曲面的交叉界面。在制作时先选择路径曲线，然后再选择交叉界面曲线，最后按右键结束。
- 创建双轨扫描曲面：双轨扫描曲面和单轨扫描曲面类似，但它至少需要 3 条曲线，其中两条曲线作为路径，其他的曲线为交叉界面，它比单轨扫描曲线更能够控制曲面的形状。
- 创建 N 混合曲面：在两个或两个以上的边之间创建融合曲面。
- 创建复合修剪曲面：通过多条曲线生成曲面。
- 创建圆角曲面：在两个交叉曲面结合的地方建立一个光滑的过渡曲面，通常用它来处理两个或多个关节的连接部分。

5.3.3　常用的 NURBS 建模方法

前面介绍了 NURBS 曲线、曲面的创建与编辑修改，下面简单介绍几种常见的建模方法。

- 创建"点曲面"或"CV 曲面"，在修改命令面板中选用各种创建与修改命令及旋转、平移、缩放等工具完成模型的制作。

● 创建"点曲线"、"CV 曲线"、"焊接"曲线，然后使用旋转、挤压、封闭等工具，生成并输出"NURBS 曲面"模型。

● 运用"基本几何体"中 10 个建模工具的任意一个，创建一个基本的几何体，右击该物体，在弹出的快捷菜单中选择该"几何体模型转化为 NURBS 曲面"模型。

● 创建"点曲线"或"CV 曲线"，在曲线次级对象层次内建立一系列曲线，单击"编辑器"图标，将曲线集转化为曲面，再在"创建曲面"卷展栏中使用"U 放样"和"V 放样"这两种曲面放样工具生成"NURBS 曲面"模型。

● 在一个原有的"NURBS 曲线"模型的基础上，使用"附加"和"引入"工具，加入另一个"NURBS 曲面"模型生成一个新的"NURBS 曲面"模型。

另外，在制作"NURBS 曲面"模型时，经常需要用"N 混合"和"复合修剪"等工具对相应的区域进行修改编辑，再运用"噪波"、"混合"等工具对"NURBS 曲面"做进一步加工。

※ 实例 5-2　制作轮胎模型

本实例通过 NURBS 建模制作一个鲜花模型，绘制各截面的曲线，使用"创建 U 向放样曲面"工具创建 NURBS 曲面，这是 NURBS 建模的基本方法，模型如图 5-41 所示。

具体操作步骤如下。

（1）单击顶视图使其成为当前视图，进入"创建"|"图形"面板，在下拉列表框中选择"NURBS 曲线"项。单击"CV 曲线"按钮，在视图中创建一条 NURBS 曲线，如图 5-42 所示。

图 5-41　鲜花的最终效果

（2）切换至前视图，进入"修改"面板，使用移动工具对各顶点进行移动，得到花朵的一条形状控制截面曲线，如图 5-43 所示。

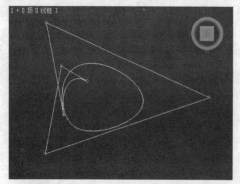

图 5-42　绘制 NURBS 曲线

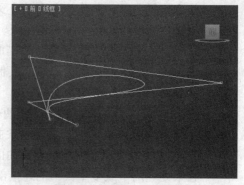

图 5-43　调节 NURBS 曲线

提示

NURBS 曲面和曲线分为标准型和可控型，都有点和 CV 控制点两种。控制物体的点是被强制依附于曲线或者曲面上的。

（3）这样就得到了鲜花最上层的轮廓线条，如图 5-44 所示。

（4）重复上面的步骤，绘制第二条控制截面的曲线，如图 5-45 所示。继续创建若干条形状控制截面曲线，其数量的大小通常是由所绘制的物体表面复杂程度来决定的，这里采用了 6 条截面曲线来进行控制。注意由上至下形状的变化，各条曲线都需要进行仔细的调节，而最下端的几条线条是花枝部分，截面尺寸比较小，需要仔细处理。最后调整好的控制截面曲线，如图 5-46 所示。

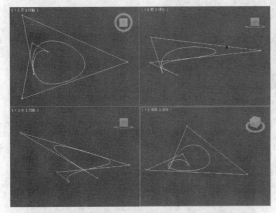

图 5-44　得到一条形状控制截面曲线

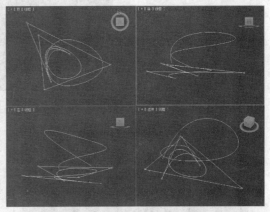

图 5-45　绘制第二条形状控制截面曲线

（5）下面使用"创建 U 向放样曲面"工具来生成曲面。选中一条曲线，进入"修改"面板，在 NURBS 工具面板中单击 按钮，从前至后依次单击各曲线，形成曲面，如图 5-47 所示。

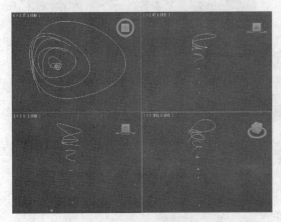

图 5-46　绘制若干控制截面曲线

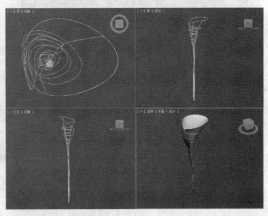

图 5-47　使用"创建 U 向放样曲面"工具

（6）最大化透视图，在视图中查看花朵的效果，模型效果如图 5-48 所示。

（7）下面来制作花朵中心的花蕊部分。同样的使用"CV 曲线"工具创建若干条控制截面曲线，然后使用"创建 U 向放样曲面"工具来生成曲面，这部分模型的形状比较简单，如图 5-49 所示。

（8）使用移动工具将花蕊移动到花朵中央位置，这样就完成了鲜花的模型，如图 5-50 所示。

（9）复制鲜花模型，设置合适的材质，按 F9 键进行快速渲染，得到的效果图如图 5-51 所示。

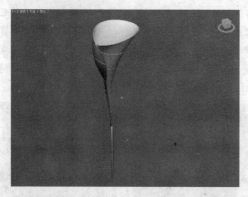

图 5-48　得到的花朵模型

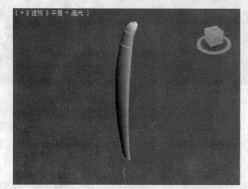

图 5-49　创建花蕊模型

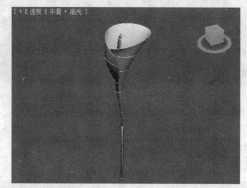

图 5-50　完成的模型

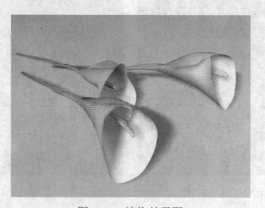

图 5-51　渲染效果图

5.4　多边形建模

5.4.1　可编辑多边形

可编辑多边形的修改面板，如图 5-52 所示。

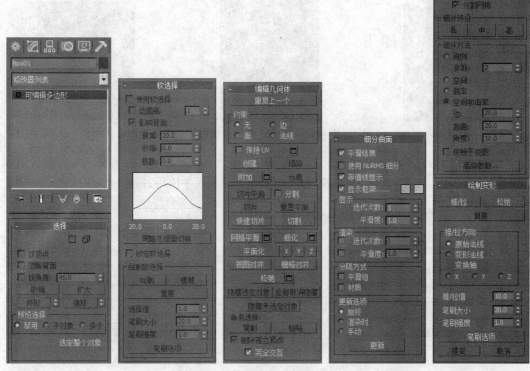

图 5-52 可编辑多边形修改面板

（1）"选择"卷展栏：进行不同层级编辑模式的切换，包含与选择有关的选项及命令按钮。

（2）"软选择"卷展栏：软选择，通过曲线控制影响范围与强弱。

（3）"编辑几何体"卷展栏：包含对几何体整体修改的选项及命令按钮。

（4）"细分曲面"卷展栏：细分面板，选择"使用 NURBS 细分"复选框后和"网格平滑"修改器有着相同的效果。

（5）"细分置换"卷展栏：在其中设置细分置换参数。

（6）"绘制变形"卷展栏：绘图变形的操作过程是将鼠标变成一支画笔，然后"推/拉/松弛"模型上面的顶点来达到立体的"绘图"效果。

在"选择"卷展栏中单击进入任意编辑模式将会出现新的相应的卷展栏。

可编辑多边形有 5 种编辑模式，下面分别介绍。

（1）点编辑模式的"编辑顶点"卷展栏如图 5-53 所示，包含对节点修改的选项及命令按钮。

（2）边编辑模式的"编辑边"卷展栏如图 5-54 所示，包括对边修改的选项及命令按钮。

（3）边界编辑模式的"编辑边界"卷展栏如图 5-55 所示，其中包含对开口边缘修改的选项及命令按钮。

（4）多边形编辑模式的"编辑多边形"卷展栏如图 5-56 所示，它包括对多边形面修改的选项及命令按钮。

图 5-53　"编辑顶点"卷展栏　　　　图 5-54　"编辑边"卷展栏　　　　图 5-55　"编辑边界"卷展栏

（5）　元素编辑模式的"编辑元素"卷展栏如图 5-57 所示，包括编辑三角面剖分选项及命令按钮，功能较少且多数都在其他子对象的编辑面板中出现过。

图 5-56　"编辑多边形"卷展栏　　　　　　图 5-57　"编辑元素"卷展栏

可编辑多边形和可编辑网格在功能方面区别不大，但是可编辑多边形在点线面的编辑方面有着更突出的表现，它有着更强大而且人性化的功能，推荐读者使用。

5.4.2　石墨建模工具

在 3ds max 2010 中，新增了石墨建模工具，这个工具为多边形建模提供了飞跃式的增强。无论是点、边、面的操作或还是选择形式，都能面对最苛刻的制作需求。

石墨建模工具分为 3 个部分：石墨建模工具、自由形式和选择。鼠标放置在对应的按钮上，就会弹出相应的命令面板，如图 5-58 所示。通过命令面板中的各种工具，可以完成各种各样的多边形建模任务。

图 5-58　石墨建模工具

※ 实例 5-3　制作魔方

本实例通过石墨建模工具创建魔方模型。首先创建一个长方体，然后使用石墨建模工具转化为可编辑多边形，进入次对象层级进行建模，完成的魔方如图 5-59 所示。

图 5-59　渲染效果图

具体操作步骤如下。

（1）进入"创建"命令面板，单击"长方体"按钮，在顶视图中创建一个长方体，参照图 5-60 所示设置其参数。长度和宽度方向分为 3 段，高度分为 1 段，创建的长方体如图 5-61 所示。

图 5-60　设置长方体的参数

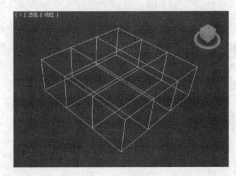

图 5-61　创建的长方体

（2）在石墨建模工具的"多边形建模"菜单中选择"转化为多边形"命令，把长方体转化为可编辑多边形，如图 5-62 所示。

（3）在石墨建模工具的"多边形建模"选项卡中单击 □ 按钮，进入多边形次对象层级，如图 5-63 所示。

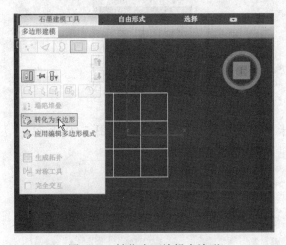

图 5-62　转化为可编辑多边形

图 5-63　选择多边形次对象层级

（4）在视图中选择长方体所有的面，在石墨建模工具的"多边形"选项卡中单击"倒角"下方的下三角按钮，在弹出菜单中单击"倒角设置"按钮，如图 5-64 所示。

（5）在弹出的"倒角多边形"对话框中将"倒角类型"设为"按多边形"，"高度"设为 3.0，"轮廓量"设为-1.5，如图 5-65 所示。单击"确定"按钮，执行倒角操作。

图 5-64　选择倒角设置

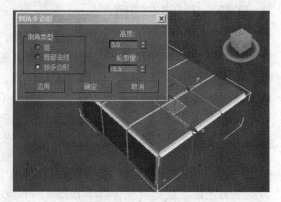

图 5-65　倒角多边形

（6）再次在石墨建模工具的"多边形"选项卡中单击"倒角"下方的下三角按钮，在弹出菜单中单击"倒角设置"按钮。在弹出的"倒角多边形"对话框中将"倒角类型"设为"按多边形"，"高度"设为 1.5，"轮廓量"设为-3.0，倒角效果如图 5-66 所示。单击"确定"按钮，执行倒角操作。

（7）在"选择"菜单中选择"反选"命令，如图 5-67 所示。反选后的选择范围，如图 5-68 所示。

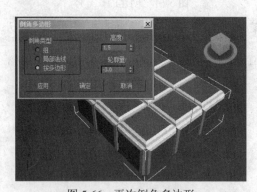

图 5-66　再次倒角多边形

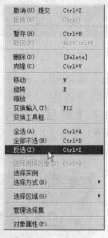

图 5-67　选择反选

（8）在石墨建模工具的"属性"选项卡中单击"材质 ID"按钮，如图 5-69 所示。

图 5-68　反选后的多边形

图 5-69　设置材质 ID

（9）在弹出的对话框中将"设置 ID"设为 7，按 Enter 键确定，将选择的多边形材质 ID 设为 7。然后将魔方的 6 个表面凸出的面分别设置为 1 至 6 的 ID。

（10）在顶视图中选择长方体对象，在"工具"菜单中选择"阵列"命令，参照图 5-70 所示设置其参数。

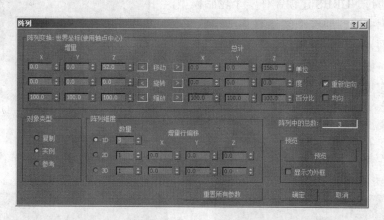

图 5-70　设置阵列操作

（11）阵列得到的魔方模型，如图 5-71 所示。

（12）选择各个长方体对象，在顶视图中绕 Z 轴旋转各长方体对象，如图 5-72 所示。

图 5-71　阵列得到的魔方

图 5-72　旋转各层魔方

（13）使用克隆工具再复制一个魔方，并适当调整其角度，如图 5-73 所示。

（14）为魔方设置多重/子对象材质，添加灯光后渲染场景，得到的效果，如图 5-74 所示。

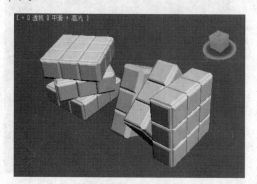

图 5-73　复制魔方

图 5-74　渲染效果图

5.5 动手实践

本实例通过 NURBS 建模制作一个轮胎模型，首先创建轮廓曲线，通过"创建 U 向放样曲面"工具创建曲面，同时用到了创建顶端曲面和连接曲面的方法，如图 5-75 所示。

具体操作步骤如下。

（1）进入"创建"｜"图形"面板，单击"圆"按钮，在前视图中创建 4 个圆，作为轮胎的控制截面，如图 5-76 所示。

图 5-75　轮胎的最终效果

（2）在视图中依次单击各个圆形线条，使用移动工具在左视图中调节线条的位置，如图 5-77 所示。

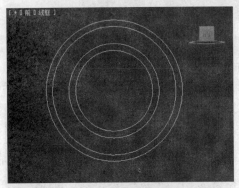

图 5-76　创建轮胎截面曲线

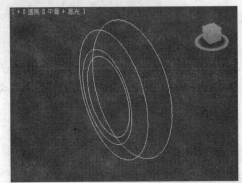

图 5-77　调整线条位置

（3）右击视图空白区域，在弹出的快捷菜单中选择"转化为"｜"转化为 NURBS"命令。将其转化为 NURBS 线条。

"转化为 NURBS"命令可以把曲线转化为 NURBS 曲线，也可以将三维实体转化为 NURBS 曲面。得到 NURBS 曲线后可以使用"创建 U 向放样曲面"、"创建车削曲面"等命令来建立光滑的曲面，通过"创建封口曲面"命令来封闭曲面。

（4）在前视图中选择最小的圆形线条，单击"常规"卷展栏下的 "NURBS 创建工具箱"按钮，打开 NURBS 工具箱，单击 按钮，从前至后依次单击各曲线，使用 U 放样生成轮胎曲面。

（5）在"修改"面板中单击"NURBS 曲面"左边的＋号，选择"曲面"项，在"曲面公用"卷展栏中选择"翻转法线"选项，这时曲面才会显示出来，如图 5-78 所示。

图 5-78　生成轮胎曲面

由于 NURBS 曲面是基于法线显示的，因此只有法线方向指向屏幕外的曲面才能被显示。当所得到的曲面和所预期的曲面并不一样时，可以在左侧的参数卷展栏中选择"翻转法线"复选框。需要说明的是，不光 U 型放样生成曲面可以调节法线方向，其他生成的曲面也会有相同的问题，在后面的操作中不再赘述。

（6）在视图中选中放样生成的曲面，选择"工具"｜"镜像"命令，参照图 5-79 所示设置其参数，单击"确定"按钮执行阵列操作。生成另一侧的轮胎模型，在左视图中使用移动工具调整相对位置关系，使其正好相接，如图 5-80 所示。

（7）进入"创建"｜"图形"面板，单击"圆"按钮，在前视图中创建 3 个圆，作为轮胎钢圈的控制截面，如图 5-81 所示。在视图中选择圆，右击视图空白区域，在弹出的快捷菜单中选择"转化为"｜"转化为 NURBS"命令，将其转化为 NURBS 线条。

图 5-79　设置"镜像"工具参数

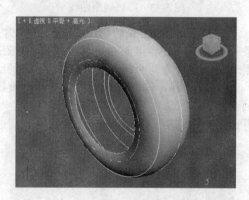

图 5-80　镜像轮胎曲面

（8）在"图形"面板的下拉列表框中选择"NURBS 曲线"选项，单击"CV 曲线"按钮，在前视图中创建一段如图 5-82 所示的封闭曲线。

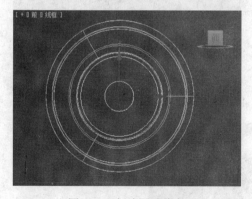

图 5-81　创建圆形线条

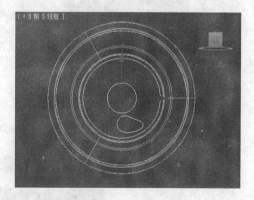

图 5-82　创建曲线

（9）选择"工具"｜"阵列"命令，将 Z 轴的"旋转"参数设为 72，1D "数量"参数设为 5，单击"确定"按钮执行阵列操作，如图 5-83 所示。

（10）选择"编辑"｜"克隆"命令，复制这 5 条曲线，将复制方式选择为"复制"。右击视图空白区域，在弹出的快捷菜单中选择"隐藏当前选择"命令，将复制的曲线隐藏。

（11）选中最小的圆形线条，在 NURBS 工具箱中单击 [ ] 按钮，从前至后依次单击各曲线，使用 U 放样形成轮胎钢圈曲面，如图 5-84 所示。

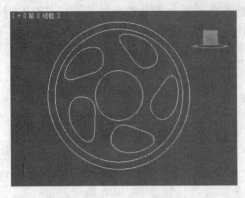

图 5-83　阵列钢圈曲线

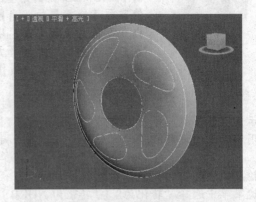

图 5-84　生成钢圈曲面

（12）选中生成的钢圈曲面，在"常规"卷展栏中单击"附加"按钮，选择其余 5 条轮廓线条，使其组合在一起。单击 NURBS 工具栏中的 按钮，先选择曲线，再选择钢圈曲面，可以看到曲线映射到了钢圈曲面上。

（13）在"修改"面板中的选择"曲线"选项，进入"曲线"次物体层级，选择映射的曲线，在"法向投影曲线"卷展栏中选中"修剪"复选框，如图 5-85 所示。这样曲面被剪出了一个洞口，如图 5-86 所示。

图 5-85　设置镜像线条参数

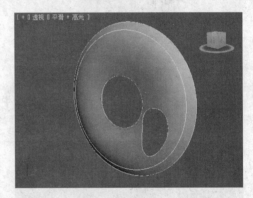

图 5-86　剪切曲面

（14）重复上述操作，在曲面上剪出另外 4 个洞口，如图 5-87 所示。

图 5-87　继续剪切曲面

（15） 进入"创建"｜"图形"面板，单击"圆"按钮，在前视图中创建 3 个圆，作为轮胎钢圈中心部分的控制截面，如图 5-88 所示。在视图中选择圆，单击鼠标右键，在弹出的快捷菜单中选择"转化为"｜"转化为 NURBS"命令，将其转化为 NURBS 线条。

（16） 选中生成的钢圈曲面，在"常规"卷展栏中单击"附加"按钮，选择其余 5 条轮廓线条，使其组合在一起。

（17） 在"修改"面板中的选择"曲线"选项，进入"曲线"次物体层级，选中最小的圆形线条，在 NURBS 工具箱中单击 按钮，从前至后依次选择各曲线，使用 U 放样形成轮胎钢圈中心的曲面，如图 5-89 所示。

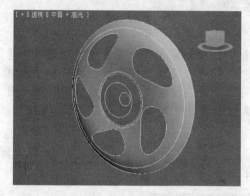
图 5-88 绘制圆形线条

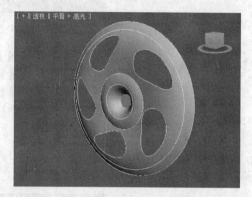
图 5-89 生成钢圈中心曲面

（18） 右击视图空白区域，在弹出的快捷菜单中选择"按名称取消隐藏"命令，取消复制曲线的隐藏。选中曲线，使用"选择并缩放"工具将其缩小到原来的 90% 大小，如图 5-90 所示。

（19） 在 NURBS 工具箱中单击 按钮，在视图中选择其中的一条曲线，使用"创建封口曲面"工具创建一个顶端封闭的曲面。重复这一过程，创建其余 4 个顶端封闭的曲面，如图 5-91 所示。

图 5-90 调整曲线大小

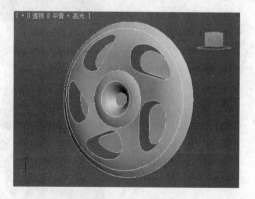
图 5-91 创建顶端曲面

（20） 在 NURBS 工具箱中单击 按钮，选择钢圈曲面之后再选择刚才创建的顶端封闭曲面，创建中间部分的连接曲面，如图 5-92 所示。

图 5-92　生成连接曲面

这里使用"创建U向放样曲面"命令来建立光滑的曲面，通过"创建封口曲面"命令来封闭曲面。并使用"创建混合曲面"通过两个已有曲面生成中间的连接曲面。另外使用"创建法向投影曲线"命令将曲线映射到曲面上，打开"修剪"选项后对曲面进行剪切。

（21）右击视图空白区域，在弹出的快捷菜单中选择"按名称取消隐藏"命令，取消轮胎曲面的隐藏。这样就完成了轮胎模型，如图 5-93 所示。

图 5-93　完成的轮胎模型

（22）为模型添加合适的材质，按 F9 键进行快速渲染，得到的效果如图 5-94 所示。

图 5-94　最终渲染效果图

5.6　习题练习

5.6.1　填空题

（1）　NURBS 曲线包括两种类型，分别是＿＿＿＿＿和＿＿＿＿＿。

（2）　"编辑网格"提供了 5 种子对象的编辑方式，分别是＿＿＿＿＿、＿＿＿＿＿、
＿＿＿＿＿、＿＿＿＿＿和＿＿＿＿＿。

（3）　NURBS 的点曲线节点与节点之间是＿＿＿＿＿的曲线。

（4）　＿＿＿＿＿建模方式最易于面数的最优化工作。

（5）　软选择的作用是通过曲线控制影响范围与强弱，将选中的对象做＿＿＿＿处理。

（6）　"CV 曲线"实际上是一种控制点曲线，即通过调节在控制点之间的控制线角
度形成曲线，给定的起始点和终结点在曲线之＿＿＿＿＿，其余给定的控制点均在曲线
之＿＿＿＿＿。

（7）　在 NURBS 建模中，两种曲线的创建参数卷展栏很接近，只是"CV 曲线"的参
数设置中多了"自动重新参数化"栏用来调整"CV 曲线"的＿＿＿＿。

5.6.2　选择题

（1）　使用网格编辑器时，在当前没有任何子对象编辑方式的时候，系统默认的编辑
方式为（　　）。

   A. 顶点　　　　　　B. 边

   C. 元素　　　　　　D. 对象

（2）　在可编辑网格对象中，下面哪个卷展栏将根据所选择的次对象的不同，呈现不
同的内容？（　　）

   A. 选择　　　　　　B. 曲面属性

   C. 编辑几何体　　　D. 软选择

（3）　在同样复杂的程度下，下面哪种建模方式耗费系统资源较多，显示比较慢？
（　　）

   A. 网格建模　　　　B. NURBS 建模

   C. 多边形建模　　　D. 面片建模

（4）　"CV 曲面"与"点曲面"的参数及修改方法基本相同，要注意的是长、宽两
边上控制点个数的数值最大为（　　）。

   A. 10　　　　　　　B. 25

   C. 50　　　　　　　D. 100

5.6.3　上机练习

（1）　使用网格建模创建沙发模型，如图 5-95 所示（提示：创建长方体对象，使用"编
辑网格"修改器，在各个视图中调节顶点位置，最后添加网格光滑修改器）。

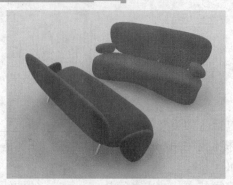

图 5-95　沙发效果图

（2）使用 NURBS 创建花朵模型，如图 5-96 所示（提示：创建 NURBS 曲线，使用"创建 U 向放样曲面"工具得到曲面）。

图 5-96　花朵效果图

（3）使用多边形建模工具创建榨汁机模型，如图 5-97 所示（提示：创建一个简单的基本体，转化为可编辑多边形，进入多边形编辑层级，使用"挤出"、"倒角"等多边形建模工具）。

图 5-97　榨汁机效果图

第6章 材质编辑

本章要点

- 材质编辑器。
- 材质的基本操作。
- 标准材质的设置。
- 复合材质的应用。

本章导读

- **基础内容**：如何使用材质编辑器，以及如何设定基本的材质，怎样生成高级材质。
- **重点掌握**：如何使用材质编辑器设置基本材质，得到所需要的材质表现效果，并进一步学习复合材质的设置方法。
- **一般了解**：了解多种材质类型，以及各种材质的特点和效果。

课堂讲解

　　材质是指定给物体表面的一种信息，它的一个直接的意思是物体由什么样的物质构造而成，不仅仅包含表面的纹理，还包括了物体对光的属性，如反光强度、反光方式、反光区域、透明度、反射率、折射率，以及表面的凸凹起伏等一系列属性。材质会影响对象的颜色、反光度和透明度等，材质在三维模型创建过程中是至关重要的一环。通常需要通过它来增加模型的细节，体现出模型的质感。材质对如何建立对象模型有着直接的影响。

　　在 3ds max 2010 中，材质与贴图的建立和编辑都是通过材质编辑器来完成的。并且通过最后的渲染把它们表现出来，使物体表面显示出不同的质地、色彩和纹理。本章将学习如何使用材质编辑器，以及如何设定基本的材质，怎样生成高级材质。

6.1 材质编辑器

3ds max 2010 的材质编辑器，如图 6-1 所示。上部分为固定不变区，包括样本显示、材质效果和垂直的工具列与水平的工具行一系列功能按钮。下半部分为可变区，包括各种参数卷展栏。下面逐个介绍各部分的功能。

1. 样本窗

在材质编辑器上方区域为样本窗，如图 6-2 所示。在样本窗中可以预览材质和贴图，在默认状态下样本显示为球体，每个窗口显示一种材质。可以使用材质编辑器的控制器改变材质，并将它赋予场景的物体。最简单的赋材质的方法，就是用鼠标将材质直接拖动到视窗中的物体上。

单击一个样本框可以激活它，被击活的样本窗被一个白框包围着。在选定的样本窗内单击鼠标右键，弹出显示属性菜单，如图 6-3 所示。

在菜单中选择排放方式，在样本窗内显示"3×2"、"5×3"或者"6×4"。选择"放大"选项，可以将选定的样本框放置在一个独立浮动的窗口中，如图 6-4 所示。

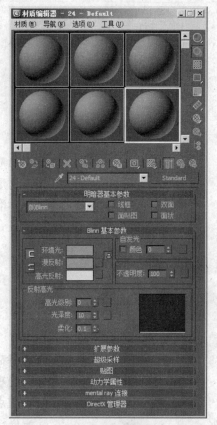

图 6-1　材质编辑器

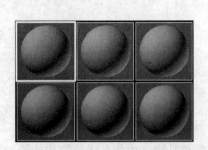

图 6-2　样本窗

图 6-3　样本窗菜单

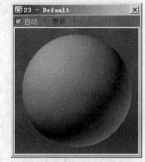

图 6-4　浮动窗口

 提示　将鼠标放在浮动窗口的右下角或左上角，适当移动鼠标，待鼠标形状变成双箭头形的时候，可以通过拖动鼠标改变窗口的大小。

2. 水平工具栏功能按钮

水平工具栏位于样本窗下方，主要用于对各材质的操作，如获取、保存和重置等，如

图 6-5 所示。

图 6-5　材质编辑器的工具栏

（1）　"获取材质"：开启这个按钮实际上是打开了"材质/贴图浏览器"，用户可以引进已经调整好的材质，包括材质库中的、场景中已经使用的、甚至是其他文件中的材质。"材质/贴图浏览器"的界面，如图 6-6 所示。

（2）　"将材质放入场景"：一个场景中的材质是通过名字来区分的，如果两个材质的名字相同，那么它们就不能同时使用。但是，如果用户想将当前材质替换已有材质，就可以开启这个按钮。

（3）　"将材质指定给选定对象"：这是最常用的按钮，可以将当前的材质应用到已经选取的物体。

图 6-6　材质与贴图的浏览器

可以直接用鼠标将材质球拖动到物体上，从而使该材质应用到物体上。

（4）　"重置贴图/材质为默认设置"：在开启这个按钮之后将出现提示对话框。可以选择将材质编辑器和场景中的材质删除，或者仅将材质编辑器中的材质删除而保留场景中的材质。

（5）　"生成材质副本"：通过生成材质副本可以使材质球与物体的材质脱节，从而可以将该材质改成别的材质。

材质编辑器中的材质与场景中的材质使用关联的关系，二者可以不同时存在。复制后的材质需要重新命名，否则会发生混乱。

（6）　去"使唯一"：可以将材质的关联关系解除。

（7）　"放入库"：将当前材质放入库中，以便在别的场景中使用。

（8）　"材质效果通道"：设置后期特效的辅助标志。按住该按钮不放，可以弹出如图 6-7 所示的按钮，以便用户选择。

（9）　"在视口中显示标准贴图"：将当前层级的贴图显示在场景中以方便观察和调节。例如，图 6-8 所示中的两个物体的材质实际上是一样的，只是右边的物体的图案在场景中显示出来了，它们的最终渲染效果是一样的。

图 6-7　特效通道按钮　　　　　　　　　　　　图 6-8　显示贴图按钮的作用

（10）　"显示最终结果"：开启后显示材质的整体效果，否则显示当前效果。

（11）　"转到父对象"：转回上一层级的材质或贴图通道。

（12）　"转到下一个同级项"：转向同一层级的材质或贴图通道。

（13）　"从对象拾取材质"：如果要调整某个物体的材质，但是这个物体是从别的场景中引进的或者该物体在材质编辑器中的材质已经被删掉了，则可以通过这个按钮来拾取材质。

（14）　23 - Default　"材质或贴图名"：可以为材质或贴图命名。

（15）　Standard　："当前层级类型"显示并改变当前贴图或者材质的类型，单击它也可以弹出材质/贴图浏览器。

3.　垂直工具栏功能按钮

垂直工具栏按钮位于样本窗的右侧，用于控制样本窗的显示效果以及实现一些导航、选择和设置效果。

（1）　"采样类型"：通常材质编辑器是用"材质球"来显示材质效果的，以便于观察。按住该按钮不放，可以弹出三个相关按钮，从而选择不同的显示方式。

（2）　"背光"：在样品的背后设置一个光源。可以模拟当前材质受到反光影响时的表面光照效果，该选项默认是打开的。

（3）　"背景"：在样品的背后显示方格底纹。对于透明、折射或反射材质，应用通常的灰色背景会显得暗淡，此时选择该选项则可以较好地观察相应的效果。

（4）　"采样 UV 平铺"：为观察材质使用的花纹重复后的效果，可以在这里设置重复的次数。需要注意的是，这里不会对最终的渲染效果产生影响，仅仅影响当前的显示效果。按住该按钮不放，同样可以弹出相关按钮，从而选择不同的重复次数。

（5）　"视频颜色检查"：可检查样品上材质的颜色是否超出"NTSC"或"PAL"制式的颜色范围。这是因为计算机用的彩色系统与电视的彩色系统有一些差别，所以当在计算机上设计的对象需要在电视上显示出来时，就需要开启该校验按钮，将电视所不能接受的色彩转变成与该色彩近似的可接受的色彩。

（6）　"生成预览"：打开该按钮可以预览材质的动画效果。在 3ds max 2010 中，几乎所有的参数都可以作为动画，材质编辑器中的参数也不例外。可以通过调节各种参数来设置材质的变化，也可以引进动画来丰富材质。该按钮就是为预览材质的动画效果而专门设置的，单击它则弹出如图 6-9 所示的对话框。

（7） "选项"：用来设置材质编辑器的各个属性，单击它弹出如图 6-10 所示的对话框。

（8）"按材质选择"：可看到正在使用当前材质的所有物体。因此当你想将设计好的材质赋予场景的多个对象时，不必到场景中一一选取。当将材质赋予第一个对象后，此按钮被激活，单击此按钮就会弹出选择对话框，然后选取对象名称，逐个应用材质。

（9）"材质/贴图导航器"：单击该按钮，弹出如图 6-11 所示的窗口，其中显示的是当前材质的贴图层次。在对话框顶部选取不同的按钮，可以用不同的方式显示。

图 6-9 "创建材质预览"
对话框

图 6-10 "材质编辑器选项"
对话框

图 6-11 "材质/贴图导航器"
窗口

6.2 材质的基本操作

下面介绍材质设置的基本操作，包括如何获取材质，如何保存和删除材质，如何将材质赋予对象等。

6.2.1 获取材质

通过单击材质编辑器工具栏中的 "获取材质" 按钮，会弹出 "材质／贴图浏览器" 对话框。使用 "材质／贴图浏览器" 对话框可以通过下面方式获取材质。

● 新建材质：在 "浏览自" 区域中选择 "新建"，可选择一种新的材质贴图类型。
● 从选定的对象上获取材质：在 "浏览自" 区域中选择 "选择对象"，然后从清单中选取当前选定对象使用的材质。

● 从场景中获取材质：在"浏览自"区域选择"场景"，即可显示所有场景中使用的材质，从中选取一种需要的材质。

● 从材质库中获取材质：在"浏览自"区域选择"材质库"，然后从显示的材质清单中选取一种材质。在"材质/贴图浏览器"对话框中选择一种材质时，一个渲染的样本就会显示出材质的预览效果。双击选定的材质即可将它们放置到激活的样本窗内。

可以通过 🖌 "从对象拾取材质"按钮，来实现从场景对象中获取材质的操作。这种从物体上获取材质的方法，多用于导入的其他文件格式的场景文件。因为要对这些格式的场景文件中的对象材质进行修改，就必须将它们原有的材质获取到 3ds max 2010 的材质编辑器中进行修改。

先用鼠标在样本窗中单击一个样本框，该样本框就被选中，然后单击 🖌 "从对象拾取材质"按钮，则场景中的材质就出现在样本框中。

6.2.2　保存和删除材质

要将材质保存到材质/贴图浏览器中的一个库文件中，可以在材质编辑器中做如下操作。

（1）　在材质编辑器的工具栏中，单击 🔳 按钮放入库中。

（2）　直接用鼠标从样本框将材质拖到"材质/贴图浏览器"对话框中。

也可以将存入的材质从库中删除，一次可删除一个或全部。在控制"材质/贴图浏览器"对话框中材质清单上。单击 🔳 "重置贴图/材质为默认设置"按钮之后，将出现对话框。在对话框中可以选择将材质编辑器和场景中的材质删除，或者仅将材质编辑器中的材质删除而保留场景中的材质。

6.2.3　同步材质和异步材质

当将某个材质赋予场景中的对象后，在该材质样本窗的四个角出现白色小三角形，如图 6-12 所示，表示该材质为同步材质，也称热材质。用户若在材质编辑器中修改该材质，则场景中的物体会随着变化。

图 6-12　同步材质

有时希望在不影响场景中的对象的情况下编辑一个材质，也有可能希望事先细细调整某个材质直到满意后才赋给场景中的对象。换一句话说，有一些情况下需要取消一个同步材质。此时可以在材质编辑器中，单击工具栏中的"生成材质副本"按钮 🔳 。此时，样本球四周的小三角消失，表示该材质已经不是同步材质，而变为异步材质，又称之为冷材质。

取消一个同步材质的另一种方法，就是采用拖动复制的方法，这种方法可以保留原来的材质，以便进行比较。

"将材质放入场景"按钮在满足下面的两个条件之一时，才变为可用。

（1）　制作了材质的一个复制，可将该复制的材质通过"将材质放入场景"按钮来刷新场景中的材质。用户可将一个材质拖到另外一个样本球来制作该材质的复制。

（2）　场景中有同名的材质。

6.2.4　材质管理器

材质资源管理器是 3ds max 2010 中新增一项重要的材质管理工具,它可以浏览和管理场景中所有的材质,如图 6-13 所示。在材质管理器中,我们可以查看材质的类型、结构、显示状态和赋予对象,还可以重新分配材质 ID 号,极大地方便了大型场景文件的材质编辑和管理。

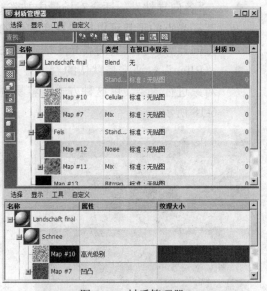

图 6-13　材质管理器

6.3　标准材质的设置

在 3ds max 2010 中系统提供了 10 余种材质类型,标准材质是系统所默认的材质类型。前面已经详细介绍了标准材质的参数面板的组成结构,本节将详细说明有关标准材质的使用方法。

标准材质的参数卷展栏,如图 6-14 所示。包括"明暗器基本参数"、"Blinn 基本参数"、"扩展参数"、"超级采样"、"贴图"、"动力学属性"、"mental ray 连接"和"DirectX 管理器",下面介绍常用的几个部分。

图 6-14　参数卷展栏

6.3.1　明暗器基本参数的设置

对材质的基本参数的设置主要通过"明暗器基本参数"卷展栏来完成,如图 6-15 所示。

首先根据创建的对象要求,在"基本参数"参数卷展栏着色清单中选择材质的着色类型。在 3ds max 2010 中有 8 种着色类型:"各向异性"、"Blinn"、"金属"、"多层"、"Oren-Nayar-Blinn"、"Phong"、"Strauss"和"半透明明暗器"。每一种着色类型确定在渲染一种材质时着色的计算方式,用户可以从下拉列表中选取需要的着色方式,如图 6-16 所示。

图 6-15　明暗器基本参数卷展栏

图 6-16　着色选择方式列表

- "各向异性"：适合对场景中被省略的对象进行着色。这种计算方式的特点是，其高光点的形状可以模拟真实物体的高光变化，能够按照物体表面的结构与法线方向计算比较真实的高光区域，效果如图 6-17 所示。
- "Blinn"：通常是默认的着色方式，与"Phong"很相似，适合为大多数普通的对象进行渲染。用这种方式很容易调节环境光、扩散光和高光反射光，效果如图 6-18 所示。

图 6-17 "各向异性"明暗器

图 6-18 Blinn 明暗器

- "金属"：专门用作金属材质的着色方式，体现金属所需的强烈高光。它有明显的高光与阴影的边界变化，效果如图 6-19 所示。
- "多层"：为表面特征复杂的对象进行着色。通常有些物体的表面材质不仅仅只有一个反光层，而有诸如外面的透明表层和里层的基本层，这些层各有各的反光效果，效果如图 6-20 所示。

图 6-19 "金属"明暗器

图 6-20 "多层"明暗器

- "Oren-Nayar-Blinn"：是为表面粗糙的对象如织物等进行着色的方式，这是 Blinn 方式的一个变种，带有融合效果，如图 6-21 所示。
- "Phong"：效果柔软细腻，完全依照光线的入射角度来调整物体表面的光影变化，效果如图 6-22 所示。
- "Strauss"：与其他着色方式相比，"Strauss"具有简单的光影分界线，可以为金属或非金属对象进行渲染，效果如图 6-23 所示。
- "半透明明暗器"：用于设置材质的透明性。采用这种着色效果，能得到物体穿过透明介质效果。通常这种方式用在比较薄的物体上，例如窗帘、毛玻璃或者银屏等物体上，效果如图 6-24 所示。

图 6-21　Oren-Nayar-Blinn 明暗器

图 6-22　Phong 明暗器

图 6-23　Strauss 明暗器

图 6-24　半透明明暗器

"明暗器基本参数"卷展栏右侧的复选框是用来设置着色方式的。

- "线框"：以线框方式着色物体，这种着色方式只能表现物体的结构，线框的宽度可以在材质扩展参数面板中调节。
- "双面"：是对物体的正反两面都做材质效果的处理，这种方式的着色能得到较为真实的效果。
- "面贴图"：是对物体的每一面进行贴图处理，这样可以使贴图均匀地分布在物体的每一个面上。
- "面状"：忽略自身贴图的坐标信息，以物体的每一个面作为一个区域，将材质着色成面方式，这时物体的表面由一块块平面构成。

6.3.2　基本参数的设置

"基本参数"卷展栏主要用于设定物体的阴影和反光效果。这一栏的参数设置项目与明暗器基本参数设定相对应，"Blinn 基本参数"卷展栏如图 6-25 所示。

现实生活中，"环境光"、"漫反射"、"高光反射"这三种基本反射特性是材质本身拥有的，平时看到的颜色通常是光照在物体上反射回来的，通常称为"环境光颜色"、"固有色"和"高光色"，这三种颜色合称基本色。

提示

材质设置需要把三种反射特性（"环境光"、"漫反射"及"高光反射"）都表达出来，这三种颜色在边界的地方相互融合。环境光颜色与漫反射颜色之间的融合是根据标准的着色模型进行计算的，高光和环境光颜色之间可使用材质编辑器来控制融合数量。

- "环境光"：材质阴影部分反射的颜色，在样本球中它指绕着圆球右下角的部位。单击右侧的颜色块即可进入"颜色选择器"对话框，进行色彩的设置，如图 6-26 所示。单击颜色设置旁边的 ■ 按钮，可以打开"材质/贴图浏览器"对话框设置"漫反射通道"的贴图。

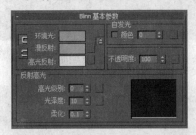

图 6-25 "Blinn 基本参数"卷展栏

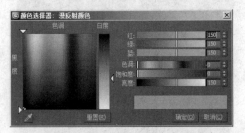

图 6-26 "颜色选择器"对话框

- "漫反射"：反射直射光的颜色，在样本球中是左上方及中心附近看到的主要颜色。单击 ■ 按钮，可以设置贴图。
- "高光反射"：物体高光部分直接反射到人眼的颜色，在样本球中反映为球左上方白色聚光部分的颜色。单击 ■ 按钮，可以设置贴图。
- "自发光"选项组：通过漫反射色取代物体表面的阴影部分，使物体表面具有漫反射色颜色的同时产生一种白光效果，预设置为 100，表示表面阴影全部被漫反射色取代。自发光一般只会使物体本身发光，不会影响其他物体的颜色和光亮度，可以利用"自发光"微调框制作探照灯灯面、车灯灯面等极亮发光物体。"自发光"可以选择颜色，也可以选择贴图。
- "不透明度"微调框：用于控制灯管物体透明程度的工具，当值为 100 时为不透明荧光材质，值为 0 时则完全透明。
- "反射高光"选项组："反射高光"包括"高光级别"、"光泽度"和"柔化"三个参数区及右侧的曲线显示框，其作用是用来调节材质质感的。"高光级别"、"光泽度"和"柔化"三个值共同决定物体的质感，曲线是对这三个参数的描述，通过它可以更好地把握对高光的调整。对于不同的材质选用不同的高光参数，才能显出逼真的效果。例如，对硬质塑料材质，高光级别和光泽度应适当调高一些，而柔化则应该调低一些。

如果"明暗器基本参数"卷展栏选的着色方式是其他的，则本卷展栏的参数选项也会相应发生变化。

※ 实例 6-1 设置材质基本参数

设置材质的基本参数，并查看材质效果。

具体操作步骤如下。

（1）打开瓶子场景，打开材质编辑器，在"Blinn 基本参数"卷展栏中调节高光级别为 100，光泽度为 60，柔化为 0.0，如图 6-27 所示。

（2）参照图 6-28 所示参数设置"环境光"的颜色，由于环境光和漫反射左侧的锁定按钮默认处于锁定状态，所以环境光和漫反射颜色默认是自动一致的，漫反射颜色如图 6-29 所示。参照图 6-30 所示设置"高光反射"的颜色。

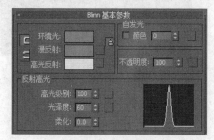

图 6-27　参数设置

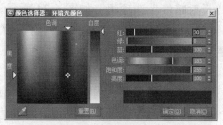

图 6-28　"环境光"的颜色设置

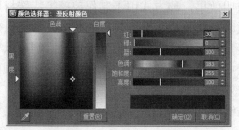

图 6-29　"漫反射"颜色设定

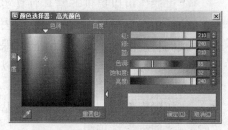

图 6-30　"高光反射"颜色设定

（3）单击 "渲染产品"按钮，得到渲染效果图如图 6-31 所示。

（4）在"明暗器基本参数"卷展栏中选取着色方式为"半透明明暗器"，再进入"半透明明暗器"参数设置卷展栏，并按照如图 6-32 所示的方式分别设定参数，"半透明明暗器"效果，如图 6-33 所示。

图 6-31　渲染后的效果图

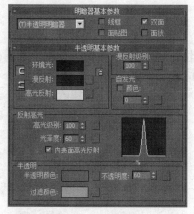

图 6-32　参数设置

图 6-33　"半透明明暗器"效果图

6.3.3　扩展参数的设置

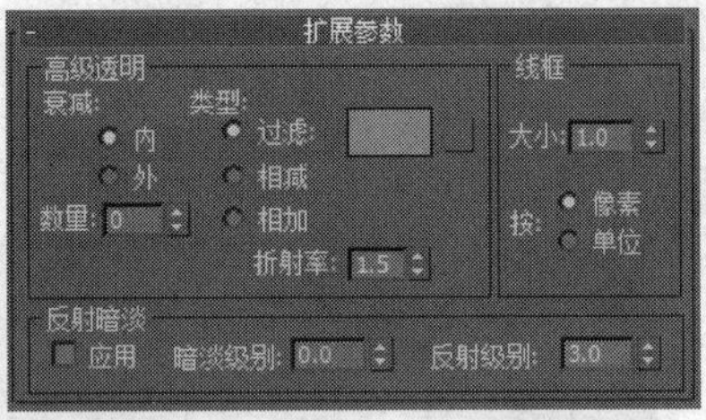

　　"扩展参数"卷展栏是"基本参数"卷展栏的延伸，包括"高级透明"选项组、"线框"选项组和"反射暗淡"选项组，如图 6-34 所示。

　　（1）　"高级透明"选项组：用于调节透明材质的透明度。

图 6-34　"扩展参数"卷展栏

- "衰减"单选按钮：两种透明材质的不同衰减效果，"内"是由外向内衰减，"外"是由内向外衰减。
- "数量"微调框：设置衰减的值，最大为 100，最小为 0（不透明）。
- "类型"单选按钮：有 3 种透明过滤方式，即"过滤"、"相减"和"相加"。"过滤"可以提供非常具有真实感的透明效果，该方式用于制作玻璃等特殊材质的效果。当需要在背景颜色中去掉材质颜色或材质后面的颜色变暗时，如果只想减弱材质的"不透明"，同时保持"漫反射"或"贴图"的颜色特性，则可以使用"相减"。利用"相加"可以在背景中加入材质的颜色，以使材质后面的颜色变亮，这种方法适合于表现烟雾等特殊效果。
- "折射率"微调框：控制折射贴图和光线的折射率。

　　（2）　"线框"选项组

　　线框材质控制区必须与基本参数区中的线框选项结合使用，可以做出不同的线框效果。"大小"用来设置线框的大小，其下面的单选项用来确定所用的尺度是"像素"还是"单位"。

在使用像素表示线框的大小时，线框材质的大小取决于屏幕像素的大小，因此其大小是绝对的，但在使用单位表示线框材质的大小时，则线框的大小取决于世界坐标系，此时线框显示的大小随物体在场景中的位置而变化。

　　（3）　"反射暗淡"选项组

　　"反射暗淡"选项组位于扩展参数区的最下方，其作用主要针对使用反射贴图材质的对象。

当物体使用反射贴图以后，全方位的反射计算导致其失去真实感。此时，选择"应用"复选框，打开反射暗淡，反射暗淡即可起作用。

※ 实例 6-2　设置材质扩展参数

　　设置材质的扩展参数，并查看材质的效果。

　　具体操作步骤如下。

　　（1）　打开瓶子模型。打开材质编辑器，激活一个样本框，进入"明暗器基本参数"卷展栏。

　　（2）　进入"Blinn 基本参数"卷展栏，将"不透明度"设为 50。

（3）在"扩展参数"卷展栏的"高级透明"选项组中把"数量"设为 80，将"衰减"的类型选为"内"，得到渲染后的效果如图 6-35 所示。

（4）将"衰减"类型选为"外"，得到渲染后的效果如图 6-36 所示。

图 6-35　透明效果（由外向内衰减）　　　　图 6-36　透明效果（由内向外衰减）

（5）在"扩展参数"卷展栏选择透明过滤方式为"过滤"，参照图 6-37 所示设置"过滤"的颜色，得到效果如图 6-38 所示。

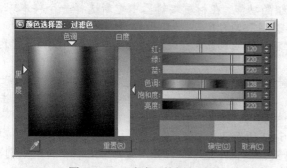

图 6-37　"过滤"的颜色设置　　　　　　图 6-38　"过滤"透明过滤方式

（6）在"扩展参数"卷展栏选择透明过滤方式为"相减"，得到如图 6-39 所示的效果。

（7）在"扩展参数"卷展栏选择透明过滤方式为"相加"，得到如图 6-40 所示的效果。

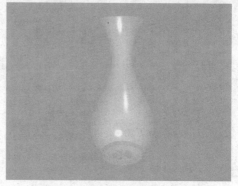

图 6-39　"相减"透明过滤方式　　　　　　图 6-40　"相加"透明过滤方式

（8）下面将使用"线框"选项组的功能。在材质编辑器中重新选择一个样本球，进入"Blinn 基本参数"卷展栏，将漫反射的色彩值设为蓝色。在"明暗器基本参数"卷展栏中选择"线框"复选框，使材质的着色方式变成线框方式。选择瓶子模型，将材质赋予对象。

（9）在"扩展参数"卷展栏，选择"像素"单选按钮，将"大小"的值设置为 3.0。

（10）单击主工具栏上的 "渲染产品"按钮，得到渲染后的效果，如图 6-41 所示。

（11）在"扩展参数"卷展栏，选择"单位"单选按钮，可见效果图中的线框变宽了，如图 6-42 所示。

图 6-41　设置后的效果图

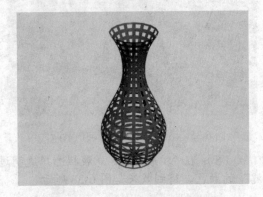

图 6-42　重新设置后的效果图

（12）下面将使用"反射暗淡"选项组的功能。在材质编辑器中重新选择一个样本球，在"明暗器基本参数"卷展栏中设定"不透明"为 90。选择瓶子模型，将材质赋予对象。

（13）在"扩展参数"卷展栏中的"高级透明"选项组中把"数量"设为 100，将"衰减"的类型选为"内"。

（14）在"贴图"卷展栏选择"反射"贴图，设定"数量"值为 50。单击"none"按钮，弹出"材质/贴图浏览器"对话框。在"材质/贴图浏览器"中选择"新建"，双击"位图"，弹出选择图片对话框，选择一幅图片。

（15）渲染视图，得到的效果如图 6-43 所示。

（16）在"扩展参数"卷展栏反射暗淡控制区中选中"应用"复选框，将"暗淡级别"的值设为 0.5，"反射级别"设为 3.0，渲染后得到如图 6-44 所示的效果图。

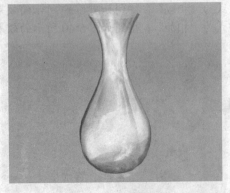

图 6-43　初始效果图

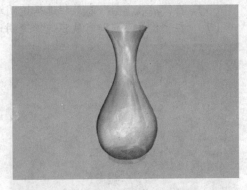

图 6-44　设定反射暗淡后的效果

6.3.4　贴图的设置

贴图是材质制作的关键环节，3ds max 2010 在标准材质的贴图区提供了 12 个贴图通道，如图 6-45 所示。贴图在 3ds max 2010 的设计中处于很重要的地位，本书将在后面的部分做更为深入介绍。

图 6-45　"贴图"设定的界面

6.3.5　超级采样的设置

"超级采样"卷展栏如图 6-46 所示。超级样本功能可以明显改善场景对象渲染的质量，并对材质表面进行抗锯齿计算，使反射的高光特别光滑。同时，尽管不需要额外的内存，但渲染时间也大大增加。

在默认状态下，超级采样为关闭状态，需要打开时，只要单击"使用全局设置"选项前的复选框，即可打开超级样本。"超级样本"卷展栏内的下拉列表框中提供了超级样本的四种不同类型的选择，如图 6-47 所示。一般情况使用系统默认的"Max 2.5 星"便能达到较好的效果。

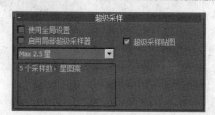

图 6-46　"超级采样"卷展栏

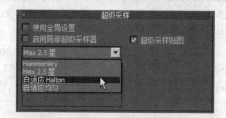

图 6-47　超级样本选择下拉菜单

6.4　复合材质

在 3ds max 2010 中，材质可分为如下几种。

- 基本材质：即只赋予具有光特性而没有贴图的材质，这种材质上色最快，占用内存时间少。
- 基本贴图材质：即只使用基本贴图方式的材质。
- 复合材质：即除使用基本材质外，同时使用诸如遮光、镜反射、双面、透明等手段，它是作为贴图材料的材质。

一个包含其他材质或贴图的材质就称为复合材质。在材质编辑器中，单击工具栏下面的 Standard 按钮，打开"材质/贴图浏览器"对话框，可看到复合材质的类型，如图 6-48 所示。

图 6-48　复合材质类型

下面介绍几种复合材质的使用，并介绍材质层级的概念。

6.4.1 双面材质的应用

在现实世界中，有许多物体，它们的正面和反面是不一样的。在 3ds max 2010 中，可以给物体的正反两个面赋予两种不同的材质，制作出比较真实的效果，这种材质在 3ds max 2010 中称为"双面"材质。

 使用"明暗器基本参数"卷展栏下的"双面"复选框也可以制作双面材质效果，正面与反面材质一致。利用双面材质则可以单独设置正面材质和反面材质。

※ 实例 6-3　双面材质的使用

打开纸杯模型，设置双面材质参数，并查看材质的效果，如图 6-49 所示。

具体操作步骤如下。

（1）打开纸杯模型。按 M 键，在弹出的材质编辑器中单击第一个材质小球，单击"Standard"按钮，在弹出的对话框中选择"双面"材质，双面材质界面如图 6-50 所示。

（2）单击"正面材质"右侧的"None"按钮，进入下一级的正面材质设置，参照图 6-51 所示设置材质的基本参数。

图 6-49　纸杯效果

图 6-50　双面材质基本参数

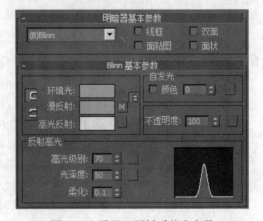

图 6-51　设置正面材质基本参数

（3）展开"贴图"卷展栏，单击"漫反射"右侧的"None"按钮，在弹出的对话框中选择"位图"，在弹出的对话框中选择一幅适合作为包装的图片，如图 6-52 所示。

（4）单击 按钮返回上层材质，单击"背面材质"右侧的"None"按钮，进入下一级材质，勾选"面状"复选框，参照图 6-53 所示设置其基本参数。

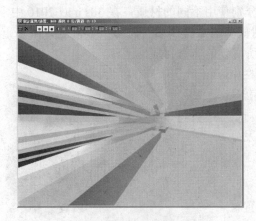

图 6-52 选择贴图图片

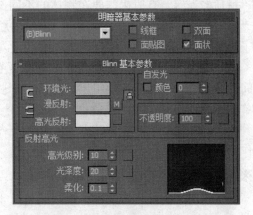

图 6-53 设置背面材质基本参数

（5）展开"贴图"卷展栏，单击"漫反射"右侧的"None"按钮，在弹出的对话框中选择"噪波"，并参照图 6-54 所示设置参数，其中"颜色#1"色彩值设置红绿蓝（131，139，122），然后将"颜色#2"的色彩值设为红绿蓝（188，193，201）。

（6）单击 按钮返回上层材质，在视图中选择纸筒，单击 按钮把材质指定给对象。

（7）按 F9 键进行快速渲染，得到纸杯的效果图如图 6-55 所示。

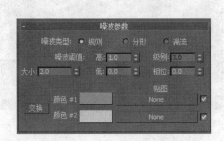

图 6-54 设置噪波参数

图 6-55 纸杯效果图

6.4.2 混合材质的应用

在现实世界中，有些物体既呈现某种质感，又呈现另外一种质感，这就是两种材质混合的问题。在 3ds max 2010 中，可以利用"混合"材质很方便地实现两种材质的混合。

"混合"材质的主体包含两个子级的材质以及一个蒙版。它根据蒙版的黑白对比来配置两个材质的分配。蒙版的黑色部分使用第一种材质，而白色部分使用第二种材质。

"混合数值"可以调整两个材质的混合百分比。当数值为 0 时只显示第一种材质，为 100 时只显示第二种材质。当"遮罩"选项被激活时，"混合数值"为灰色不可操作状态。启用"遮罩"可以选择一张贴图作为遮罩，按照灰度对上面两种材质进行混合调整。

6.4.3 多重/子对象材质的应用

在 3ds max 2010 中，可为每个材质指定一个 ID 号，以代表该材质，例如"材质#1"、

"材质#2"等。有时候需要在物体的不同部分分别使用不同的材质，在 3ds max 2010 中，"多重/子对象"材质类型可以在面的层次上对同一对象使用多种材质。实际上，"多重/子对象"材质通常用于整个对象，并包含对象所需要的所有材质。

子材质数目设定后，单击下方参数区卷展栏中间的按钮进入子材质的编辑层，对子材质进行编辑。单击子材质按钮右边的颜色框，能够改变子材质的颜色，而最右边的小框决定是否使当前子材质发生作用。

※ 实例 6-4 多重/子材质的使用

为魔方各表面设置各部分材质的 ID，并设置材质的参数，查看材质的效果，如图 6-56 所示。

具体操作步骤如下。

图 6-56 魔方效果

（1）打开魔方模型，如图 6-57 所示。

（2）进入修改命令面板，选择"编辑多边形"修改器，单击■按钮进入多边形次对象层级，选择上表面的大方格多边形，如图 6-58 所示。

图 6-57 打开魔方模型

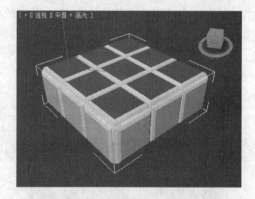

图 6-58 选择的多边形

（3）在"多边形属性"卷展栏中将"设置 ID"设为 1，按 Enter 键确定，如图 6-59 所示。

（4）同样的将魔方的另外 5 个面大方格多边形分别设置为 2 至 6 的 ID。

（5）选择凹陷区域的多边形如图 6-60 所示，将 ID 设置为 7。

图 6-59 设置材质 ID

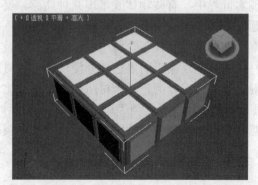

图 6-60 设置阵列操作

（6）打开材质编辑器，选择一个材质球，单击"Standard"按钮，在弹出的对话框中选择"多维/子对象"项，这时会出现多维/子对象材质的面板，单击"设置数量"按钮，将子材质的数量设为 7，如图 6-61 所示。

（7）单击 1 号材质右侧的"None"按钮，进入下一级材质，在"Blinn 基本参数"卷展栏中将"高光级别"设为 20，"光泽度"设为 50，并将漫反射设置为红色，如图 6-62 所示。

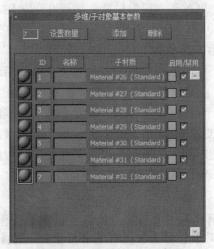

图 6-61　阵列得到的魔方

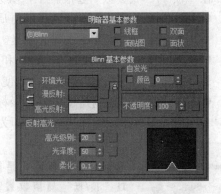

图 6-62　旋转各层魔方

（8）单击 按钮返回上层材质。同样的设置另外 6 个子材质，注意变换漫反射的颜色，设置好的材质如图 6-63 所示。

（9）在视图中选择魔方，把材质指定给对象。按 F9 键渲染场景，最终效果图如图 6-64 所示。

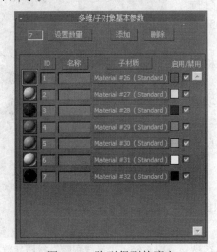

图 6-63　阵列得到的魔方

图 6-64　旋转各层魔方

6.4.4　无光/投影材质的应用

在 3ds max 2010 中，无光/投影材质其实不能算是一种材质，它不能像材质那样渲染，只能掩盖在它所赋予的物体表面，而且它没有材质和贴图分支，是唯一一种不能分支的材质。

无光/投影材质的功用也就是它的独特效果。它的基本功能是使表面接受阴影，并遮挡它后面场景中的其他对象。

6.4.5 顶/底材质的应用

顶/底材质可以对对象的顶部和底部使用两种不同的材质。对象的顶部和底部是按世界坐标系 Z 轴的方向来区分的。如果表面在正 Z 轴，则赋予"顶"材质，如果在负 Z 轴，则赋予"底"材质。

在"顶"/"底参数"卷展栏下，其余几个参数的含义如下。

- "位置"：调整顶部到底部材质的过渡。可以把该参数想象成一个砝码，当设置低位或高位时升高或降低定义。实际上，就是调整一个平面朝上或朝下的角度。
- "混合"：该参数为零时，顶和底之间为一条很明显的直线。调整该值可使顶部和底部之间的过渡比较柔和，以便使平面改变角度时产生的断线不会有明显的混乱。
- "坐标"：控制是使用世界坐标系还是使用局部坐标系。选择"世界"即为使用世界坐标系，选择"局部"即为使用局部坐标系。

由于对象的顶或底是相对于世界坐标系而言的，所以当改变了已进行过"顶/底"材质设置的对象相对于世界坐标系 Z 轴的位置时，表面的材质也会发生改变。尤其是在动画中使用"顶/底"材质时一定要注意。

6.4.6 光线跟踪材质的应用

光线跟踪材质功能非常强大，参数区卷展栏的命令也比较多，它的特点是不仅包含了标准材质的所有特点，并且能真实反映光线的反射、折射，如图 6-65 所示为"光线跟踪"的参数区卷展栏。

光线跟踪材质参数区的参数有一部分与标准材质含义不同，下面做一个简单介绍。

- "环境光"：将决定光线跟踪材质吸收环境光的多少。
- "漫反射"：决定物体固有色的颜色，当反射为 100% 时固有色将不起作用。
- "反射"：决定物体高光反射的颜色。
- "发光度"依据自身颜色来规定发光的颜色。同标准材质中的自发光相似。
- "透明度"：光线跟踪材质通过颜色过滤表现出的颜色。黑色为完全不透明，白色为完全透明。

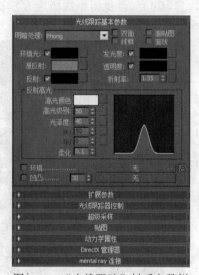

图 6-65 "光线跟踪"材质参数栏

- "折射率"：决定材质折射率的强度。准确调节该数值能真实反映物体对光线折射的不同折射率。数值为 1 时，表示空气的折射率；数值为 1.5 时，是玻璃的折射率；数值小于 1 时，对象沿着它的边界进行折射。

※ 实例 6-5　光线跟踪材质的使用

通过光线跟踪材质来表现一个灯泡产品的效果，首先使用"车削"修改器旋转造型得到灯泡的玻璃外表面、玻璃内芯和金属底座。材质使用了"光线跟踪"材质来表现玻璃部分的材质，具有折射和反射性质，如图 6-66 所示。

具体操作步骤如下。

（1）选择"文件"｜"打开"命令，打开灯泡模型。

（2）按 M 键，在弹出的材质编辑器中单击第一个样本球，单击"Standard"按钮，在弹出的对话框中选择"光线跟踪"项，参照图 6-67 所示设置其基本参数。将"漫反射"的色彩值设为红绿蓝（79，96，102），将"折射率"的数值设为 1.75，其材质效果如图 6-68 所示。在视图中选择灯泡的玻璃层，单击 按钮把材质指定给对象。

图 6-66　灯泡的效果图

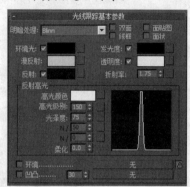

图 6-67　灯泡玻璃材质参数

（3）同样地设置第二个样本球的参数，注意将"折射率"参数设为 1.55，"高光级别"设为 120，其余参数设置如图 6-69 所示。在视图中选择灯泡的灯芯玻璃，单击 按钮把材质指定给对象。

图 6-68　灯泡材质效果

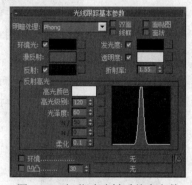

图 6-69　灯芯玻璃材质基本参数

（4）单击第三个样本球，在下拉列表框中选择"（M）金属"项，将"漫反射"色彩值设为红绿蓝（150，157，154），参照图 6-70 所示设置其余参数。在视图中选择灯泡金属后座，单击 按钮把材质指定给对象。

（5）这样就完成了灯泡模型的制作，设置好灯光效果，按 F9 键进行快速渲染，得到的效果如图 6-71 所示。

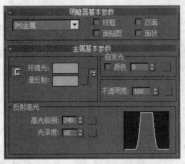

图 6-70　金属后座材质基本参数

图 6-71　灯泡效果图

6.5　动手实践

本实例通过"混合"材质实现白雪和山峰的融合，使用"置换"编辑修改器来制作山峰模型；山峰和白雪的融合则使用的"混合"材质，如图 6-72 所示。

图 6-72　雪山效果图

具体操作步骤如下。

（1）进入"创建"|"几何体"面板，单击"平面"按钮在顶视图中建立一个平面模型，在"参数"卷展栏下设置参数如图 6-73 所示。得到的平面图形，如图 6-74 所示。

图 6-73　添加混合贴图

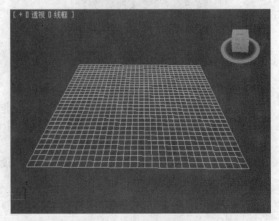

图 6-74　选择位图贴图

（2）按下 M 键打开材质编辑器，在材质编辑器中选择一个样本球，在"贴图"卷展栏中单击"漫反射"右侧的"None"按钮，在弹出的材质/贴图浏览器中选择贴图类型为"混合"，如图 6-75 所示。

（3）在材质编辑器的"混合参数"卷展栏下单击"颜色#1"的"None"按钮，在弹出的材质/贴图浏览器中选择贴图类型为"位图"，然后在弹出的位图选择窗口中选择如图 6-76 所示的位图。

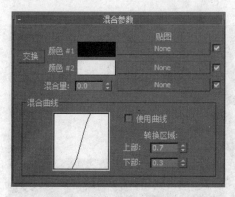

图 6-75　添加混合贴图

图 6-76　选择位图贴图

（4）在材质编辑器工具栏中单击"转到父级"按钮返回到材质的"混合"级，然后在"混合参数"卷展栏下单击"颜色#2"右边的"None"按钮，在弹出的材质/贴图浏览器中选择贴图类型为"噪波"。

（5）打开"噪波参数"卷展栏，设置噪波贴图的参数如图 6-77 所示，到此已经设计好了"置换"编辑修改器的贴图，关闭材质编辑器。

（6）在材质编辑器工具栏中，单击"转到父级"按钮返回到材质的"混合参数"面板，参照图 6-78 所示设置其参数。

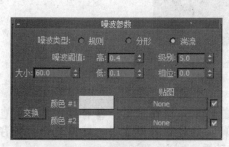

图 6-77　设置噪波贴图参数

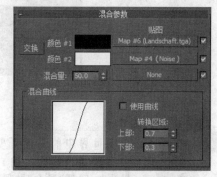

图 6-78　设置"混合"贴图参数

（7）选中平面模型，进入"修改"命令面板，在修改器列表中选择"置换"修改器。在"参数"卷展栏中单击"贴图"按钮，在弹出的材质/贴图浏览器左边的"浏览自"项下选择"材质编辑器"，在右边浏览窗口中选择刚才编辑的材质，设置"置换"修改器的其他参数如图 6-79 所示。完成后的场景，如图 6-80 所示。

（8）按 M 键打开材质编辑器，在材质编辑器中选择一个样本球来制作白雪材质，在"Blinn 基本参数"卷展栏中设置参数如图 6-81 所示，降低高光值，增加材质的发光度。

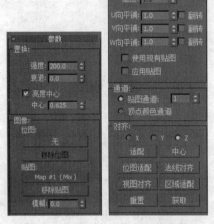

图 6-79　设置变形修改器的参数

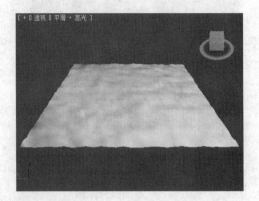

图 6-80　完成的场景

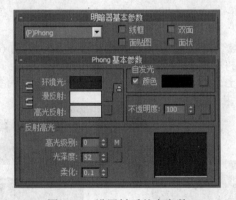

图 6-81　设置材质基本参数

现实世界中的对象很少有单一的材质，即使是同一种材料，其上面也会有一些污垢之类的，因此要真实的模拟材质效果，就需要使用复合贴图，包括"混合"贴图、"混合"材质。

（9）在"Blinn 基本参数"卷展栏中单击"高光级别"右边的空白按钮，打开材质/贴图浏览器，选择"细胞"贴图。

（10）在"细胞参数"卷展栏中设置细胞贴图参数如图 6-82 所示，到此就制作完成一个很完美的白雪材质。

（11）在材质编辑器工具栏中单击"转到父级"按钮返回到材质的最高级，在"贴图"卷展栏下单击"凹凸"右侧的"None"按钮，在弹出的材质/贴图浏览器中选择"混合"贴图，混合贴图参数卷展栏如图 6-83 所示。

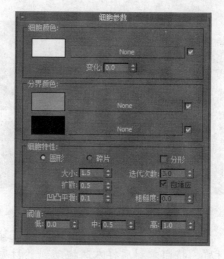

图 6-82　设置细胞贴图参数

（12）单击"混合参数"卷展栏中的"颜色#1"通道的"None"按钮，在弹出的材质/贴图浏览器中再次选择"细胞"贴图。

（13）在材质编辑器的"细胞参数"卷展栏中设置贴图参数，如图 6-84 所示。

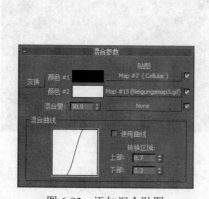

图 6-83　添加混合贴图

图 6-84　设置细胞贴图参数

（14）单击材质编辑器工具栏上的"转到父级"按钮，在"混合参数"卷展栏中单击"颜色#2"通道的"None"按钮，在弹出的材质/贴图浏览器中选择贴图类型为"位图"贴图，在继续弹出的图片选择对话框中选择如图 6-85 所示的位图，这样白雪的材质就已经设计完成了。

（15）在材质编辑器中选择一个新样本球作为山体材质的样本球，在"Blinn 基本参数"卷展栏中设置参数如图 6-86 所示，施加适当的高光效果。

（16）在"Blinn 基本参数"卷展栏中单击"漫反射"右侧的空白按钮，在弹出的材质/贴图浏览器中选择"噪波"贴图，在"噪波参数"卷展栏中设置参数如图 6-87 所示。

图 6-85　选择位图

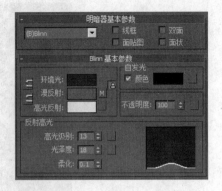

图 6-86　设置山体材质的基本参数

（17）选择一个新的材质样本球，然后单击"Standard"按钮打开材质贴图浏览器，选择贴图类型为"混合"材质，将白雪材质样本球拖动到"材质 1"，将山体材质拖动到"材质 2"，如图 6-88 所示。

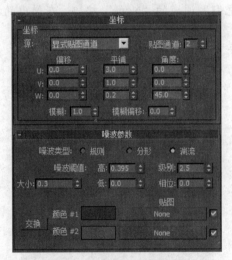

图 6-87　设置噪波贴图参数

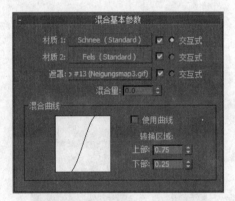

图 6-88　设置混合材质参数

（18）单击"遮罩"右侧的"None"按钮，选择贴图类型为"位图"，并选择如图 6-89 所示的贴图作为遮罩贴图。

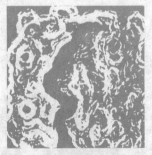

图 6-89　遮罩贴图

（19）选择透视图，然后选择"渲染"丨"渲染"命令渲染场景，得到如图 6-90 所示的效果图。

图 6-90　最终效果图

6.6　习题练习

6.6.1　填空题

（1）材质编辑器的快捷键是：_____。

（2）当使用从外部导入的其他文件格式的场景文件时，为了从对象上获取材质，可以通过_____工具来实现从场景对象中获取材质的操作。

（3）每一种着色类型确定在渲染一种材质时着色的计算方式，在 3ds max 2010 中有 8 种着色类型，分别是：_____、_____、_____、_____、_____、_____、_____、_____。

（4）_____材质能够分别赋予对象的子级不同的材质。

（5）_____功能可以明显改善场景对象渲染的质量，并对材质表面进行抗锯齿计算，使反射的高光特别光滑。

（6）双面材质的"半透明"微调框决定正面、背面材质显现的百分比。值为 0 时第_____种材质不可见；值为 100 时第_____种材质不可见。

（7）无光/投影材质通过给场景中的对象增加投影使对象真实地融入背景，造成投影的对象在渲染时_____看到，_____遮挡背景。

6.6.2　选择题

（1）（　　）卷展栏包括高级透明度控制区、线框控制区和反射暗淡控制区。

　　A. 明暗器基本参数　　　　　　　B. 扩展参数

　　C. 贴图　　　　　　　　　　　　D. 超级采样

（2）（　　）材质是将对象顶部和底部分别赋予不同材质。

　　A. 双面　　　　　　　　　　　　B. 顶/底

　　C. 多维/子对象　　　　　　　　D. 复合

（3）对象的顶部和底部是按世界坐标系 Z 轴的方向上来区分的。如果表面在正 Z 轴，则赋予（　　）材质，如果在负 Z 轴，则赋予它（　　）材质。

A. 顶、底   B. 底、顶

C. 底、底   D. 顶、顶

6.6.3 上机练习

（1） 制作如图 6-91 所示的玻璃效果（提示：用半透明明暗器）。

图 6-91 练习题（1）

（2） 制作如图 6-92 所示的陶瓷材质效果（提示：使用标准材质的多层明暗器）。

图 6-92 练习题（2）

（3） 制作如图 6-93 所示的香烟材质效果（提示：使用多重/子对象材质）。

图 6-93 练习题（3）

第 7 章　贴图坐标与贴图类型

本
章
要
点

- 贴图坐标的设置。
- 材质的贴图通道。
- 各种贴图类型。
- 贴图的使用。

本
章
导
读

- **基础内容**：贴图的使用方法，包括各种坐标设置，坐标通道和贴图类型。
- **重点掌握**：学习如何指定贴图类型和设置贴图参数，并通过渲染把它们表现出来，使物体表面显示出不同的质地、色彩和纹理。
- **一般了解**：贴图坐标和贴图通道的概念和使用方法。

课 堂 讲 解

贴图是物体材质表面的纹理，利用贴图可以不用增加模型的复杂程度就可突出表现对象细节，并且可以创建反射、折射、凹凸、镂空等多种效果，比基本材质更精细更真实。通过贴图可以增强模型的质感，完善模型的造型，使你创建的三维场景更逼真。

对于绝大多数的贴图选择，在使用渲染器进行渲染之前，用户首先应该为渲染器指定此贴图要从对象的何处开始使用并显示。3ds max 2010 为用户提供了贴图坐标，通过为贴图指定贴图坐标，渲染器将根据此参数对场景中的材质对象进行渲染，从而表现出贴图材质的特性。3ds max 2010 同时针对贴图材质的需要，为用户提供了大量的贴图类型，本章将对于绝大多数贴图类型进行详细的说明，着重介绍它们各自的参数面板的构成及使用方法。

本章将详细介绍各种贴图通道的概念和使用方法，以及贴图在材质编辑器中是以何种方式被父材质使用的，如何指定贴图类型，并且通过最后的渲染把它们表现出来，使物体表面显示出不同的质地、色彩和纹理。

7.1 贴图坐标的设置

基本材质有许多选项，然而它们都是单一颜色的材质。只有它们是远远不够体现现实生活中真实物体表面的。对于诸如木材纹理、大理石、水面波纹、玻璃等表面图案还得另想它法。在 3ds max 2010 中提供了另外一类贴图材质，也叫映像材质。利用贴图材质可以生成很多材质，从而解决了进行动画制作时多种材质的需求问题。

所谓贴图坐标是用来为被赋予材质的场景对象指定所选定的位图文件在对象上的位置、方向和大小比例。当为场景中的对象指定材质时，系统将所指定的贴图文件平铺或以其他的方式附在对象的表面，就是采用标准化的单位图像面积来覆盖对象的表面，这类似于日常生活中的为墙壁贴壁纸或为地面铺设地面砖。

7.1.1 贴图坐标方式和类型

3ds max 2010 的贴图坐标主要有 3 类。

- 内建式贴图坐标，即按照系统预定的方式给物体指定贴图坐标。在"创建"命令面板的"参数"卷展栏中选定"生成贴图坐标"，则 3ds max 2010 会自动的产生贴图坐标，即内建式贴图坐标。
- 外部指定式贴图坐标，就是指根据物体形状由创建者自己决定贴图坐标。这种贴图坐标使用 UVW 坐标系贴图调整器，通过改变 U、V、W 三个坐标向的贴图位置，从而调整在物体上的位置。
- 放样物体贴图坐标，指在放样物体生成或者修改时，按照物体横向和纵向指定贴图坐标。

在不指定贴图坐标方式的情况下，系统贴图坐标方式为内建式贴图方式。

尽管绝大多数场景中的对象都可以指定贴图坐标，但有一些场景对象是不需要为它指定贴图坐标的。大体上可以分为以下 3 种。

- 反射和折射贴图：反射和折射贴图使用的是环境贴图系统，贴图设置的位置和渲染视点有关，并不固定在场景世界坐标系中。
- 3D 程序式贴图：3D 程序式贴图是根据对象的局部坐标系自行计算产生的。
- 面贴图：面贴图是设置在对象的平面上的贴图。

7.1.2 贴图坐标的调整

标准物体的内建贴图坐标确定了贴图所在的位置，像圆柱体，图案会围绕其侧面一周进行贴图；而一些非标准物体，像一些异面体，其每侧的贴图坐标可能都是不同的，内建的贴图坐标位置都需要调整，如平移、翻转等，这些都需改变贴图坐标。

利用材质编辑器中的"坐标"卷展栏，可调整贴图在物体上的具体坐标位置，其中各参数的具体含义如下。

- "偏移"是指贴图起始点的坐标，*X* 为横向坐标，*Y* 为纵向坐标，*Z* 表示空间垂直坐标轴。
- "平铺"的设定可以改变图像在各个方向上的重复次数。
- "角度"的值决定着图像相对于物体在各个方向上的偏移角度。
- "模糊"与"模糊偏移"共同决定图像的模糊程度。

※ 实例 7-1　贴图坐标的调整

创建一个长方体，指定位图贴图，设置贴图的参数，并查看贴图的效果。

具体操作步骤如下。

（1）重置场景，在视图中创建一个长方体，在"参数"卷展栏下，选择"生成贴图坐标"复选框。

（2）打开材质编辑器，在"贴图"卷展栏下，单击"漫反射颜色"选项后面的 None 按钮，在打开的"材质/贴图浏览器"对话框中双击"位图"选项。打开"选择位图贴图文件"对话框，选择一幅图片，如图 7-1 所示。

（3）在材质编辑器中工具栏的"采样类型"按钮上按住鼠标左键，并选择以正方体方式显示，然后将材质赋予场景中的长方体。

（4）渲染视图，效果如图 7-2 所示。

图 7-1　创建的长方体

图 7-2　赋予贴图后的长方体

（5）在"坐标"卷展栏下，将"平铺"的 U 值改为 3.0，如图 7-3 所示。

（6）3ds max 2010 中的平铺功能与 Windows 下的平铺功能是一样的。U 的值决定横向贴图的个数，而 V 的值决定着纵向贴图的个数。将 U 平铺值设为 3.0，修改平铺值后的效果如图 7-4 所示。

图 7-3　修改平铺值

图 7-4　修改平铺值后的效果

（7）在"坐标"卷展栏下，修改"偏移"的 U 值为 0.5，此时的效果如图 7-5 所示。

（8）将"角度"的 W 值调整为 30，此时的效果如图 7-6 所示。

图 7-5　修改"偏移"的效果

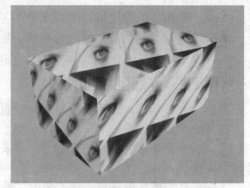

图 7-6　调整"角度"值的效果

（9）单击"角度"下面的"旋转"按钮，打开"旋转贴图坐标"对话框，如图 7-7 所示。将鼠标移到中间区域，拖动鼠标，即可旋转坐标。视图中的长方体上的贴图也随着坐标的旋转而变化。

（10）将"模糊"的值调到 0.1，"模糊偏移"的值调到 0.1，然后渲染视图，结果如图 7-8 所示，可看到渲染效果非常模糊。

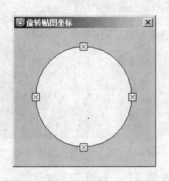

图 7-7　"旋转贴图坐标"对话框

图 7-8　调整"模糊"参数后的模糊效果

（11）将"模糊偏移"和"角度"的值调回到 0，选择"镜像"复选框 U 和 V 所对的复选框，发现视图中出现了对称的镜像，如图 7-9 所示。

图 7-9　选择"镜像"复选框的效果

（12）将各种参数设置为最初的默认值，然后选择"环境"单选按钮，在下拉菜单中选择"屏幕"命令，单击工具栏上的"渲染产品"按钮，渲染场景，可看到整个长方体被贴上了一张图片，如图 7-10 所示。

图 7-10　选择"环境"单选按钮后的渲染效果

7.1.3　UVW 坐标系贴图调整器

在使用材质编辑器中的参数项调整贴图的位置时，调整的结果将会影响到所有处于场景中的物体。如果想要对场景中的某一个物体单独设置贴图的坐标，则要用到 UVW 贴图修改器。

选中场景中的一个物体，打开命令面板中的"修改"面板，在"修改器列表"下拉列表框中选择"UVW 贴图"项，便会看到如图 7-11 所示参数设置面板。

不同的对象要选择不同的贴图方式。在"UVW贴图"修改器的参数卷栏中可以选择以下几种坐标："平面"方式、"柱形"方式、"球形"方式、"收缩包裹"方式、"长方体"方式、"面"方式和"XYZ 到 UVW"方式。

（1）"平面"方式

采用这种贴图方式，3ds max 2010 将一张图片投射到物体的表面，通过长、宽的设置调节贴图

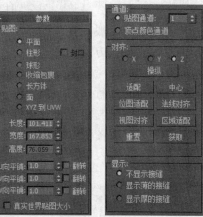

图 7-11　贴图设定的各种参数

框的大小。这种贴图方式适用于平面物体，如地面、墙壁、纸张等。此方式在物体只需要一个面贴图时使用。如图 7-12 所示是平面方式的效果图。

（2）"柱形"方式

虽然圆柱进行贴图时可以使用平面贴图方式，但柱形贴图方式更适合圆柱物体的贴图。柱形贴图坐标框能够将贴图卷曲，使图片如同圆筒一样套在物体表面上。柱面坐标贴图是投射在一个柱面上，环绕在圆柱的侧面。这种坐标在物体造型近似柱体时非常有用。在选择了"封口"选项后会在顶面与底面分别以平面方式进行投影。柱形方式的贴图效果如图

7-13 所示。

（3）"球形"方式

这种贴图方式能看见一张二维图形变形后附着在球形表面，此种方式用于造型类似球体的物体，球形方式贴图效果如图 7-14 所示。

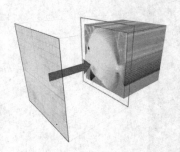 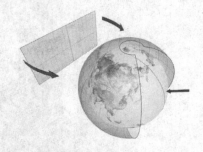

图 7-12 "平面"方式　　　　图 7-13 "柱形"方式　　　　图 7-14 "球形"方式

（4）"收缩包裹"方式

收缩包裹方式同球形贴图很相近，这种贴图方式的效果如同用图片将物体包裹起来，收紧了贴图的四角，使贴图的所有边聚集在球的一点。可以使贴图不出现接缝，在大多数区域没有明显的变形，但是在物体的底端却有明显的收口，"收缩包裹"贴图效果如图 7-15 所示。

（5）"长方体"方式

长方体贴图方式是将贴图分别投射在六个面上，每个面是一个平面贴图，这种贴图的使用率非常高，一般在处理表面带有棱角的物体时用到。长方体贴图效果如图 7-16 所示。

（6）"面"方式

"面"方式不考虑物体自身的形状，而是强制地以物体的表面的每一个几何面（不是三角形）为单位进行投射贴图，两个共边的面会投射为一个完整贴图，单个面会投射为一个三角形。其效果与材质设置中的"面贴图"相同，但是实现的原理和方式却有不同，前者是物体自带的贴图坐标属性，后者是材质的特性。"面"贴图效果如图 7-17 所示。

图 7-15 "收紧包裹"方式　　　　图 7-16 "长方体"方式　　　　图 7-17 "面"方式

（7）"XYZ 到 UVW"方式

"XYZ 到 UVW"方式贴图坐标的 X、Y、Z 轴会自动适配物体造型表面的 U、V、W方向。这种贴图坐标可以自动选择适配物体造型的最佳贴图形式，不规则物体适合选择此种贴图方式，需要注意的是，当应用外界二维图形时是不能使用这种贴图方式的，如图 7-18

所示。

对齐快捷工具就是能够协助快速地完成某些工作的工具。

- "适配"命令，能自动按照物体的自身尺寸调节贴图坐标框的大小。
- "位图适配"命令，能够引进外部图片的长宽比例作为贴图坐标的长宽比例。
- "视图对齐视图"命令，能自动将贴图坐标框的垂直方向对齐当前的视图的观察方向。

图 7-18 XYZ 到 UVW 方式

- "重置"命令，能够将当前的贴图坐标设置还原为初始状态。
- "中心"命令，能将贴图坐标框自动对齐物体的中心点。
- "法线对齐"命令，在物体上确定一个点，贴图坐标就会自动按照这个点所在的平面的法线方向调整贴图坐标的位置和方向。
- "区域适配"命令，能够直接在物体表面画出贴图框的形状。
- "获取"命令，当场景中多个物体使用相同的材质，且要求它们的贴图坐标表示一致的时候，可以先调节好一个物体的贴图坐标，然后在其他物体贴图坐标中应用获取命令，就能够将参数引进来。

※ 实例 7-2 贴图坐标的使用

创建一个挂画的模型，添加 UVW 贴图工具，并添加位图贴图如图 7-19 所示。

具体操作步骤如下。

（1）单击前视图将其设为当前视图。单击  按钮，进入"标准基本体"面板。单击"平面"按钮，在视图中创建一个平面，并在"参数"卷展栏中输入平面的参数："长度"为 120.0，"宽度"为 90.0 如图 7-20 所示，得到的平面如图 7-21 所示。

图 7-19 挂画效果图

（2）单击"管状体"按钮，创建一个管状体，参照图 7-22 所示设置其参数。单击工具栏中的"选择并旋转"按钮，在前视图中将其旋转 45°，然后使用非均匀缩放工具进行缩放，得到的模型如图 7-23 所示。

图 7-20 设置平面参数

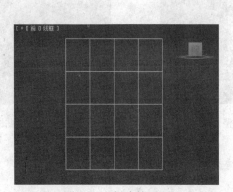

图 7-21 创建的平面

图 7-22 设置"管状体"参数

（3）按 M 键打开材质编辑器并单击其中一个样本球。展开"贴图"卷展栏，单击"贴图"卷展栏中"漫反射"后的"None"按钮，打开"材质/贴图浏览器"对话框。双击"材质/贴图浏览器"对话框中的"位图"选项，在弹出的对话框中选择图片，这时样本球表面显示出了该文件的图像。单击 按钮，将贴图材质指定给平面。

（4）单击 按钮，返回到材质层级继续编辑材质。在"明暗器基本参数"卷展栏中的明暗方式取默认值"（B）Blinn"，在"Blinn 基本参数"卷展栏中参照图 7-24 所示设置参数。

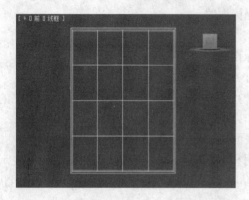

图 7-23　创建的画框

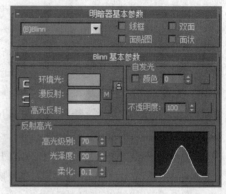

图 7-24　"Blinn 基本参数"卷展栏参数设置

（5）单击 按钮进入"修改"面板。在"修改器列表"下拉列表框中选中"UVW贴图"项，打开 UVW 贴图调整面板，如图 7-25 所示。

（6）在"对齐"面板中选中 Z 轴，单击"适配"按钮，使贴图符合模型的尺寸，如图 7-26 所示。

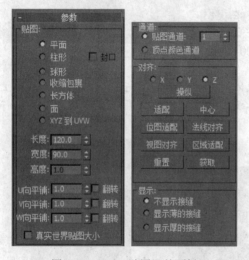

图 7-25　UVW 贴图调整面板

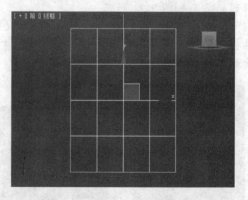

图 7-26　使贴图符合模型尺寸

（7）单击 按钮进行渲染，如图 7-27 所示。

图 7-27　渲染后的效果图

7.2　材质的贴图通道

贴图通道是材质的基础组成部分，每个材质都预留了各种类型的贴图通道供调节。

标准材质有 12 个贴图通道，可以以各种方式管理、组合、分支贴图，使最简单的表面丰富多彩。使用贴图通道的效果和它的计算方法有关。通道结果用颜色或灰度强度来计算。"环境光颜色"、"漫反射颜色"、"高光颜色"、"过滤色"、"反射"和"折射"贴图通道进行颜色方面的处理；"光泽度"、"高光级别"、"自发光"、"不透明度"、"凹凸"和"置换"贴图通道只考虑强度，按灰度方式处理它们的颜色。

（1）环境光和漫反射通道

"漫反射颜色"贴图是使用最普遍的贴图。在这种方式下，材质的漫反射光部位的颜色成分将被贴图替换，"数量"值控制贴图的输出，而 0～100 之间的层次与颜色成分成比例地混和。在默认情况下，"环境光颜色"贴图将锁定到漫反射贴图上，"环境光颜色"贴图通道变灰。"漫反射颜色"贴图将同时替换漫反射光和环境光部位的颜色成分，因为很少会出现在漫反射光和环境光部位使用不同贴图的情况。

由于 3ds max 2010 的材质编辑器默认将环境色与漫反射锁定，因此如果要使用环境色，必须要单击通道后面的锁形图标，使之弹出。其次，环境色只是其他物体的漫反射光线造成的。将外部图片调过来之后必须进行虚化处理，否则在物体的表面会形成线条分明的反射效果。

（2）高光颜色通道

"高光颜色"贴图可以控制在材质的高光区域里能看到些什么，它根据贴图决定高光经过表面时的变化或细致的反射。"数量"值决定了它与"高光颜色"成分的混合比例。

通常"高光颜色"贴图被用来达到这样一种效果：光源上及其附近的图像照在物体上，被反射出来的样子。所以常用"高光颜色"贴图把场景光源的图像放在物体上，比如说带帘的窗子、灯泡中的灯丝等。

（3）高光级别通道

在材质编辑中，"高光级别"值用来调整光亮强度。"高光级别"贴图通道的实际作用是根据引进图片的灰度形成高光区域。使用高光区域通道应该注意的是，光影的形成是通过图片的灰度信息产生的，即使引入一幅色彩浓烈的图片，材质编辑器也只是用图片的灰度信息。

（4） 光泽度通道

材质的"光泽度"主要体现在物体的高光区域上。"光泽度"贴图和上面介绍的"高光级别"贴图将定义高光域形状和百分比的状态的图案。"光泽度"能够对物体的受光区域进行过滤，将图像的亮度信息产生光泽效果，通常用来模拟金属物体的表面材质变化或者是表达物体在复杂光线环境下的受光状态。同"高光"、"高光级别"贴图一样，"光泽度"贴图也是用到图片的灰度信息。但它是用图片的白色区域去抑制高光而通过黑色区域透出亮光的。

（5） 自发光通道

"自发光"贴图赋给物体可以使之产生自发光效果。它根据图像文件的灰度值决定自发光的强度。白色部分产生的效果最强烈，而黑色部分则不产生任何效果。需要指出的是，自发光只是物体自身的材质效果，不会照亮其他的物体。另外，自发光效果所模拟的是真正能发光的物体，而不是光亮的物体。例如，金属、玻璃的光亮的物体本身并没有自发光。

（6） 不透明度通道

"不透明度"贴图则根据图像中颜色的强度值来决定物体表面的不透明度。图像中的黑色表示完全透明，白色表示完全不透明，介于两者之间的颜色显示半透明。通常有不透明度通道的特性在场景中增加一些外来图像。

（7） 过滤色通道

"过滤色"贴图不经常被使用。在使用该通道贴图时，通常应该与"不透明度"贴图配合使用。"过滤色"贴图将对表面的透明区域着色，放置在这个通道的贴图直接过滤透过物体的光线。

在使用时注意，"扩展参数"卷展栏中应选择不透明类型为"过滤"，如果是"相减"或"相加"，将忽略"过滤色"贴图。

（8） 凹凸通道

物体的表面的起伏有三种类型。一种是人为制造的，例如，工艺品表面的雕刻等；另一种是物体本身的纹理，例如植物表皮的脉络；还有一种是物体表面磨损产生的变化效果，例如碰撞所产生的凹陷等。这些表面起伏的效果都可以通过"凹凸"贴图通道去模拟。

"凹凸"贴图和"不透明度"、"光泽度"和"高光级别"贴图一样，都是通过改变图像文件的明亮程度来影响贴图的。在"凹凸"贴图中，图像文件的明亮程度会影响物体表面的光滑平整程度，白色的部分会突出，而黑色的部分则会凹陷。如果要制作具有不光滑表面的物体，或者具有浮雕效果的物体，就可以使用"凹凸"贴图。其实，"凹凸"贴图并不影响几何体，凸起的边缘只是一种模拟高光和阴影特征的渲染效果。要真正变形物体的表面可以通过"置换"贴图来实现。

（9） 反射通道

反射效果经常出现在金属、水、玻璃和瓷器等具有光滑表面的物体上。3ds max 2010提供了三种产生反射效果的方法：基本反射贴图，自动反射贴图和镜面反射贴图。

基本反射贴图虽然也是将图像贴在物体上，但它是（或者假设是）周围环境的一种作用，因此它们不使用或不要求贴图坐标，而是固定于世界坐标上，这样贴图并不会随着物体移动，而是随着场景的改变而改变。在使用"反射"贴图时，结果有时会出现"自发光"，这是因为"反射"贴图代替了材质的成分并产生微弱的阴影，这样反射看起来像一个光源。

当反射太亮时，反射亮度和场景光线可能会产生不理想的效果，这时要降低反射的输出。

（10）折射通道

透明物体的一个重要的特征就是透过它的光线发生折射，当透过玻璃瓶或放大镜观察时，场景中的物体看起来是弯曲的。这个效果是由于光线通过透明物体表面时被折射造成的。"折射"贴图是将环境图形贴到物体表面上，产生一定弯曲变形，使它看起来好像可以被透过。用它可以模拟通过透明的厚物体时光线的弯曲效果。"折射"贴图实际上是不透明度贴图的变形。

（11）置换通道

要制作真正物体的表面起伏效果，可以使用该通道代称的效果与"置换"通道。其效果大致上与空间扭曲或"修改命令"命令面板中的"置换"相同。物体能根据通道图片上的灰度值做出起伏的效果。与凹凸贴图通道不同，这种起伏的变化真实地改变了物体的网格结构。

7.3　贴图类型

贴图通道指明贴图是以何种方式被父材质使用，但是具体的贴图可以是程序式的，由贴图类型本身定义和计算，也可以是实际存在的位图文件，甚至还可以是各种贴图的覆盖组合。在材质编辑器中，打开"材质/贴图浏览器"对话框，如图 7-28 所示。右侧列出了可用的贴图类型，左侧列出了可以选择的贴图分类，包括"2D 贴图"、"3D 贴图"、"合成器"、"颜色修改器"和"其他"，下面介绍常用贴图的使用方法。

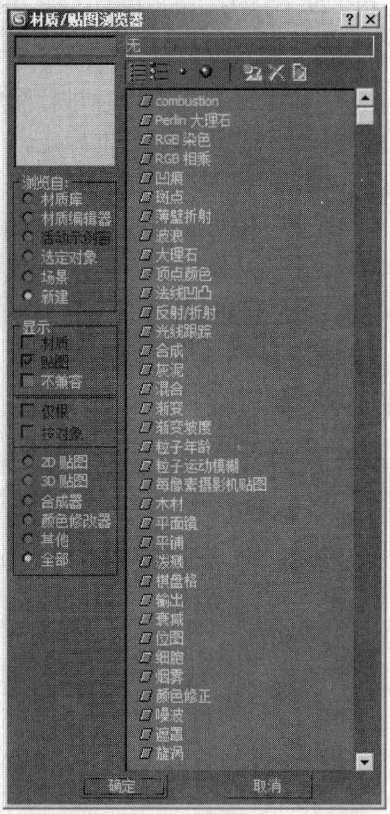

7.3.1　使用"位图"贴图

"位图"贴图是最基本的贴图，它的功能是引入外来图片并做简单的处理。对于初学者来说，"位图"贴图是最容易的一种贴图方式，下面以位图贴图为例介绍基本的参数设定。

（1）"坐标"卷展栏

"坐标"卷展栏是位图贴图的主体部分，包含有控制贴图方式、图片重复、图片旋转和模糊等功能，如图 7-29 所示。

（2）"噪波"卷展栏

图 7-28　"材质/贴图浏览器"对话框

"噪波"卷展栏如图 7-30 所示。通过对"噪波"卷展栏的参数设置，可以使引进的贴图产生扭曲和混乱的效果。用过这些效果，可以模拟物体表面材质的随机变化，使作品更加真实。"级别"微调框控制重复的次数，即混乱的细节层次，次数越多所得到的噪波变化越大；"动画"复选框设定噪波化效果是否动态化。

（3）　"位图参数"卷展栏

"位图参数"卷展栏是位图贴图所独有的，它调节的是图片自身的基本属性，如图 7-31 所示。可以单击"位图"后的长条按钮来选择图片。

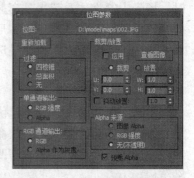

图 7-29　"坐标"卷展栏　　　图 7-30　"噪波"卷展栏　　　图 7-31　"位图参数"卷展栏

经常用到的是"裁剪/放置"选项组。单击"查看图像"按钮，能够快速浏览已经选择的图片，而且还可以对图片进行简单的剪裁编辑。剪裁编辑应该注意的是，剪裁编辑完成后需要勾选"应用"复选框确定。

（4）　"时间"卷展栏

"时间"卷展栏可以控制材质的动画效果，如图 7-32 所示。"位图"贴图还可以引进动画，如果图片换成 AVI 等格式的动画文件，那么材质最终效果就是变化的。"结束条件"选项组代表动画的重复形式，"循环"是循环播放，即播放完一遍后又从头开始播放；"往复"是反复播放，播放完一遍后按照与前次顺序相反的方向播放；"保持"是播放完一次后就停止播放。

（5）　"输出"卷展栏

"输出"卷展栏能够快捷地处理图片，如图 7-33 所示。"反转"复选框可以将图片的色彩取反，常用于凹凸贴图的翻转设置。"输出量"是指当前图片的输出强度，它一般用于符合贴图中的多张贴图混合和透过效果调节，相当于图片的透明效果。

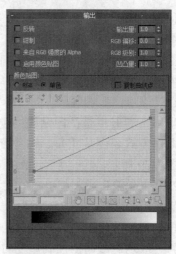

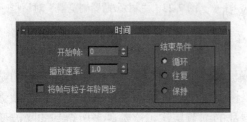

图 7-32　"时间"卷展栏　　　　　图 7-33　"输出"卷展栏

7.3.2 使用"遮罩"贴图

在日常生活中，经常见到一些图片只是在一个特定的区域中显示，例如，结婚照、明星照等蒙太奇照片，一些风景图片也是这样。在 3ds max 2010 中，可以利用"遮罩"贴图很方便地制作出上述图形。

所谓遮罩就是用一幅图将另一幅图遮盖，被遮盖图的某一部分不能显示，即被黑色遮盖的地方不能显示，被白色遮盖的地方能够显示，被其他颜色遮盖的地方则呈现一种过渡的模糊状态。被遮盖的图形在 3ds max 2010 中被称为贴图，而另一幅图形则称为遮罩。

在"遮罩参数"卷展栏下，还有一个"反转遮罩"复选框，若选择该复选框，则遮罩颜色将翻转，即黑色变为白色，白色变为黑色。最后的结果是原来显示贴图的部分，现在不显示了，而原来不显示的部分，现在却显示出来。

7.3.3 使用"噪波"贴图

"噪波"贴图是 3ds max 2010 提供的一种以计算方法产生的贴图，它的基本形态是一些棉絮状的颜色块。利用"噪波"贴图，可以很方便地制作天空中飘动的云彩、大海中的波浪，也可以制作出环境大气中的不均匀的云雾效果。

"噪波"贴图主要有以下几个参数。

- "噪波类型"：在该区域中，可以选择噪波的类型，它有 3 种类型："规则"、"分形"和"湍流"。
- "大小"：选择大的值，则噪波产生的间距比较大，比较稀疏；选择小的值产生的噪波比较密。
- "噪波阈值"：当选择一种噪波类型时，可通过修改该区域的参数来获得不同的效果。
- "颜色#1"和"颜色#2"：用于产生噪波的两种颜色。单击后面的长按钮可选择贴图，单击"交换"按钮可交换两种颜色或者贴图。

※ 实例 7-3 "噪波"贴图的使用

创建一个长方体，使用噪波贴图，查看贴图的效果。

具体操作步骤如下。

（1）重置场景，在视图中创建一个长、宽、高分别为 150.0、100.0 和 1.0 的长方体，调整视图，使得长方体充满透视图。

（2）按 M 键，打开材质编辑器。在"贴图"卷展栏下，单击"漫反射颜色"对应的长按钮，在打开的"材质/贴图浏览器"对话框中选择"噪波"贴图类型，单击"确定"按钮，返回材质编辑器。

（3）在"噪波参数"卷展栏下设置参数如图 7-34 所示，其中"颜色#1"为蓝色。

（4）单击"转到父对象"按钮，返回到材质的上一级。在"Blinn 基本参数"卷展栏下设置参数，将"高光级别"设为 30，"光泽度"设为 10。

（5）在"贴图"卷展栏下，将"漫反射颜色"对应的长按钮拖到"凹凸"对应的长按钮上，在弹出的对话框中，选择"实例"选项。

（6）渲染场景，可看到一个蓝白相间的图像，如图 7-35 所示。

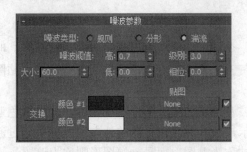

图 7-34 "噪波参数"卷展栏

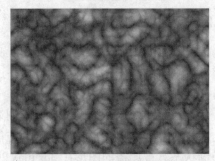

图 7-35 蓝白相间的图像

7.3.4 使用"光线跟踪"贴图

"光线跟踪"贴图可以产生优秀的反射和折射效果,它包含标准材质所没有的特性,如半透明性和荧光性。与反射贴图方式或折射贴图方式结合使用效果良好,但却大幅度增加了渲染时间。

※ 实例 7-4 "光线跟踪"贴图的使用

打开戒指模型,使用光线跟踪贴图设置材质效果,效果如图 7-36 所示。

具体操作步骤如下。

(1) 启动 3ds max 2010,选择"文件"|"打开"命令,打开戒指场景文件,如图 7-37 所示。

图 7-36 戒指效果图

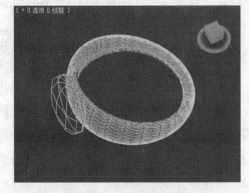

图 7-37 打开戒指场景

(2) 在视图中选择指环的钻石模型,按"M"键打开材质编辑器,选择一个样本球,单击 按钮将材质分配给钻石模型。

(3) 在"明暗器基本参数"卷展栏的下拉列表框中选择"(P)Phong"着色器,然后展开"Phong 基本参数"卷展栏,设定"高光级别"和"光泽度"的值为 0,降低高光效果。设定"自发光"为 83,"不透明度"为 80,如图 7-38 所示。

(4) 单击"漫反射"右侧的空白按钮,在弹出的"材质/贴图浏览器"对话框中双击"位图"选项,然后选择如图 7-39 所示的钻石表面贴图。

(5) 展开"扩展参数"卷展栏,单击"过滤"右侧的颜色块,设定颜色为红绿蓝(255,255,255)如图 7-40 所示,以增加钻石的透明效果。

(6) 下面给戒指设计材质。选择一个新的样本球,然后在视图中选择戒指对象,单

击 按钮将材质分配给戒指对象。

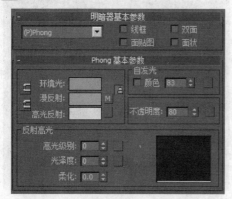

图 7-38　设置钻石材质基本参数

图 7-39　钻石贴图

（7）在"明暗器基本参数"卷展栏选择"（M）金属"着色器，展开"金属基本参数"卷展栏，在其中设定高光参数如图 7-41 所示。单击"漫反射"的颜色块，设定颜色为粉红色，即红绿蓝（255，205，255）。

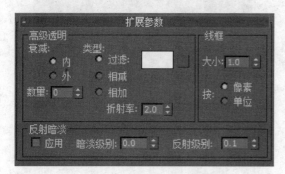

图 7-40　设置钻石材质扩展参数

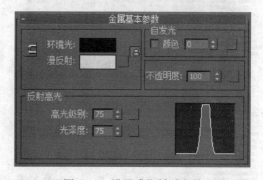

图 7-41　设置戒指材质参数

（8）展开"贴图"卷展栏，单击"漫反射"通道右侧的"None"按钮，在"材质/贴图浏览器"对话框中双击"位图"选项，选择合适的位图文件作为反射贴图。

（9）渲染场景，效果如图 7-42 所示。此时看到钻石有点灰暗，在材质编辑器中选择钻石材质，然后在"贴图"卷展栏中单击"反射"通道右侧的"None"按钮，在"材质/贴图浏览器"对话框中选择"光线跟踪"贴图，单击"转到父级"按钮返回到材质的上一级，在"贴图"卷展栏中设定"光线跟踪"的"数量"的值为30，降低反射贴图的强度。

（10）再次渲染场景，此时钻石有一些发光的效果，如图 7-43 所示。

（11）环境对场景的影响非常重要，特别是对于像钻石和戒指这样具有反射贴图的对象来说尤其如此，因为它们的反射贴图取决于它们所处的环境。在场景中选择地面模型，按 M 键打开材质编辑器，选择一个新的戒指样本球，然后单击 按钮将材质分配给地面对象。

（12）展开"贴图"卷展栏，单击"漫反射"右侧的"None"按钮，在"材质/贴图浏览器"对话框中双击"位图"选项，然后选择合适的位图文件作为地面贴图。

（13）展开"坐标"卷展栏，设定 U、V 的"平铺"都为 3.0，如图 7-44 所示。然后单击"转到父级"按钮返回到材质的上一级，在"贴图"卷展栏中拖动"漫反射"的贴图按钮到"凹凸"的右侧的"None"按钮上，在弹出的对话框中选择"实例"关联复制贴图。渲染场景，其效果如图 7-45 所示。

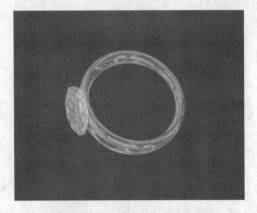

图 7-42　渲染场景效果

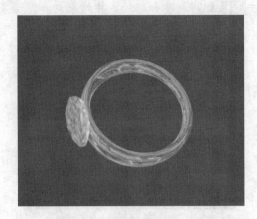

图 7-43　设置钻石材质的反射

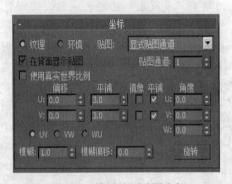

图 7-44　设置地面贴图坐标

图 7-45　指环的渲染效果

（14）制作完材质之后，下面给场景增加灯光。保存场景，然后渲染视图得到最后的效果，读者可以打开场景文件和效果图参考。

7.4　动手实践

本实例使用渐变贴图制作苹果的材质。苹果模型的建立主要使用了"车削"和 FFD 工具，在材质方面通过渐变贴图和油彩贴图的混合，来模拟苹果表面色彩的过渡和斑纹，效果如图 7-46 所示。

（1）选择"文件"|"打开"命令，打开苹果模型，如图 7-47 所示。

（2）打开材质编辑器，单击一个未使用的样本球，在"明暗器基本参数"卷展栏的下拉列表框中选择"（B）Blinn"选项，然后在"Blinn 基本参数"卷展栏中设置参数"高光级别"为 25，"光泽度"为 45，如图 7-48 所示。

（3）展开"贴图"卷展栏，单击"漫反射"右边的"None"按钮，在弹出的"材质/贴图浏览器"对话框中选择"混合"选项。在"混合参数"卷展栏中单击"颜色#1"右侧的"None"按钮，在弹出的"材质/贴图浏览器"对话框中选择"泼溅"选项，参照图 7-49 所示设置其参数，其中"颜色#2"为红绿蓝（180，174，138）。

图 7-46　苹果效果图

图 7-47　三个苹果模型

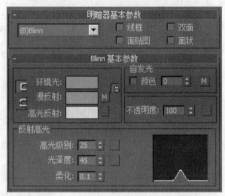

图 7-48　设置苹果材质基本参数

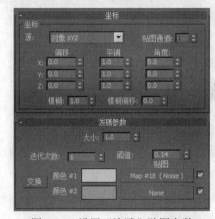

图 7-49　设置"泼溅"贴图参数

（4）单击"颜色#1"右侧的"None"按钮，在弹出的"材质/贴图浏览器"对话框中选择"噪波"选项。

（5）在"噪波参数"卷展栏中将"大小"参数设为 60.0，设置色彩值"颜色#1"为红绿蓝（216，47，68），"颜色#2"为红绿蓝（253，249，139），如图 7-50 所示。单击 "显示最终结果"按钮，取消按下的状态，显示当前材质的效果。双击样本球查看"噪波"贴图的材质效果，如图 7-51 所示。

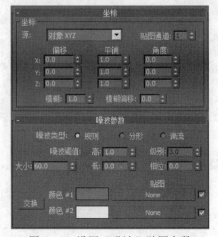

图 7-50　设置"噪波"贴图参数

图 7-51　"噪波"贴图效果

（6）连续两次单击 按钮返回到"混合"材质面板，单击"颜色#2"右侧的"None"按钮，在弹出的"材质/贴图浏览器"对话框中选择"渐变"选项，参照图 7-52 所示设置其参数，其中"颜色#1"为红绿蓝（152，5，44），"颜色#2"为红绿蓝（219，145，17），"颜色#3"为红绿蓝（234，242，5）。双击样本球查看"渐变"贴图的材质效果，如图 7-53 所示。

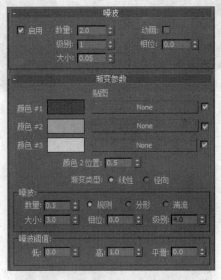

图 7-52　设置"渐变"贴图参数

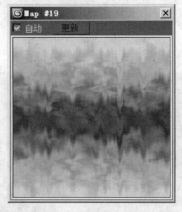

图 7-53　"渐变"贴图效果

（7）单击 按钮返回到"混合"材质面板，参照图 7-54 所示设置其参数，完成苹果材质的参数设置。

（8）单击 "显示最终结果"按钮将其按下，显示最终的材质效果。双击样本球查看苹果材质效果，如图 7-55 所示。在视图中选择苹果，单击 按钮将材质指定给对象。

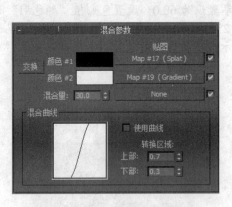

图 7-54　设置"混合"材质参数图

图 7-55　查看效果

（9）添加合适的场景灯光，然后按 F9 键渲染场景，最终效果图如图 7-56 所示。

图 7-56 最终渲染图

7.5 习题练习

7.5.1 填空题

（1） 在对象的"参数"卷展栏中选定"生成贴图坐标"，则 3ds max 2010 会自动产生贴图坐标，此时的坐标是_____贴图坐标。

（2） "不透明度"贴图通道的作用是根据_____来决定对象表面的不透明度。

（3） "自发光"贴图赋给对象可以使其产生自发光效果，它根据图像文件的灰度值决定自发光的强度。_____部分产生的效果最强烈，而_____部分则不产生任何效果。

（4） 如果赋予对象的材质中包含任何一种二维贴图时，对象就必须具有_____。

（5） "高光级别"贴图通道的实际作用是根据引进图片的灰度形成_____。

（6）合成贴图将多个贴图叠加在一起，通过贴图的_____来决定透明度，最后产生叠加效果。

（7） "凹凸"贴图并不影响几何体，凸起的边缘只是一种模拟高光和阴影特征的渲染效果。要真正变形物体的表面可以通过_____贴图来实现。

7.5.2 选择题

（1） 在噪波贴图的"噪波类型"中可以选择噪波的类型，下列哪种不是它包含的类型？（ ）

　　A. 规则　　　　　　B. 分形　　　　　　C. 湍流　　　　　　D. 扰乱

（2） 下面哪种贴图坐标系统按照系统预定的方式给物体指定贴图坐标？（ ）

　　A. 内建式贴图坐标　　　　　B. 外部指定式贴图坐标

　　C. 放样物体贴图坐标　　　　D. 三维贴图坐标

（3） 通过对（ ）卷展栏的参数设置，可以使引进的贴图产生扭曲和混乱的效果。通过这些效果，可以模拟物体表面材质的随机变化，可以使作品更加真实。

　　A. 坐标　　　　　B. 衰减　　　　　C. 噪波　　　　　D. 输出

7.5.3 上机练习

（1）制作如图 7-57 所示的场景，尽可能使用所学的贴图类型（提示：使用"光线跟踪"贴图）。

图 7-57　练习题（1）

（2）制作如图 7-58 所示的湖泊场景（提示：创建两个垂直平面，使用位图贴图和平面镜贴图）。

图 7-58　练习题（2）

（3）制作如图 7-59 所示的场景（提示：使用多维/子对象材质和位图贴图、噪波贴图）。

图 7-59　练习题（3）

第8章 灯光与摄影机

本章要点

- 灯光的各种类型。
- 灯光的参数设置。
- 摄影机的创建与调整。
- 灯光和摄影机的应用。

本章导读

- **基础内容**：灯光的各种类型、相应的性质和参数设置，另外还介绍了摄影机创建和调整的方法。
- **重点掌握**：如何设置灯光的参数，得到合理的环境效果，烘托场景气氛、突出场景特色。
- **一般了解**：设置灯光和摄影机的技巧。

课堂讲解

灯光和摄影机是进行渲染的重要手段，灯光是利用 3ds max 2010 的制作场景和动画中非常重要的一部分。在 3ds max 2010 中，灯光是一种特殊的对象，它本身不能被渲染，但对于场景和动画的表面、色彩的效果影响很大，适宜的照明与环境设定将给平凡的创作增添光彩。3ds max 2010 系统中的摄影机与真实世界中的摄影机大致相同，也具有聚焦、景深、视角、透视畸变等特性。在使用摄影机的时候，要注意与被摄像模型的动作紧密联系起来，这样才能达到逼真的效果。

8.1 灯光的类型和性质

灯光的搭配是构成场景的一个重要部分。在造型及材质一定的情况下，场景中的灯光效果的好坏直接影响到整体的效果。

在默认状态下，3ds max 提供了两盏泛光灯照亮场景，它们放在场景对角线的两端。如果场景的中心在世界坐标系的原点，那么一个灯光在-X、-Y 和+Z，另外一个在+X、+Y 和-Z，然而它们只发生作用而不显示出来，因此无法编辑修改。一般情况下，默认的两盏泛光灯能起到照明作用，但明显缺乏表现力，若不想采用，只需在场景中创建自己的照明灯光即可，3ds max 将自动关闭两盏默认的泛光灯。当场景中所有的光源都被删除时，两盏默认的泛光灯又会重新发挥作用，所以物体总处于可见状态。

灯光是场景中的一类特殊物体，它只能够在对场景加工的视图操作中看到，在一幅漂亮的场景作品中是看不到灯光的。但是灯光可以直接影响到场景物体的光泽度、色彩度和饱和度，并且对场景物体的材质也产生出巨大的烘托效果，因而灯光在场景加工过程中起着重要的作用。

在命令面板上单击 ✦ 按钮，在"对象类型"卷展栏下，即可看到用于创建灯光的按钮，如图 8-1 所示。3ds max 2010 中的灯光类型包括标准灯光和光度学灯光，在创建命令面板的下拉列表框中可以选择类型，如图 8-1 所示。

图 8-1　3ds max 2010 中的灯光类型

标准灯光是基础的灯光类型。创建一个标准灯光比较简单，以目标聚光灯为例，在灯光面板中单击"目标聚光灯"按钮即可，首先创建聚光灯本体，然后拖动鼠标创建目标物。创建一个目标聚光灯时，这个目标聚光灯的目标同时被创建，一般情况下，目标物的名字为灯的名字加上".target"。

光度学灯光是一种用于模拟真实灯光并可以精确地控制亮度的灯光类型。通过选择不同的灯光颜色并载入光域网文件（*.IES 灯光文件），可以模拟出逼真的照明效果。使用光度学灯光，物体的影子会随着灯光的远近而产生真实的投影效果，但是光度学灯光在全局照明时效果不理想。

8.1.1 标准灯光

标准灯光包括 8 种不同的灯光对象："目标聚光灯"、"自由聚光灯"、"目标平行光"、"自由平行光"、"泛光灯"、"天光"、"mr 区域泛光灯"和"mr 区域聚光灯"。

1．聚光灯

聚光灯包括目标聚光灯和自由聚光灯两种类型。

目标聚光灯的光源来自于一个发光点，产生一个锥形的照明区域，从而影响光束里的物体，产生灯光的效果。在指定目标聚光灯的目标以后，灯光的本体将永远朝向目标物。目标物在 3ds max 2010 中同样是场景中的物体，可以对它进行一些基本的操作，这一点常常应用在动画的设置中，例如可以将目标物和要跟踪的物体生成"组"，这时灯光将跟随物体运动。

自由聚光灯是一种没有投射目标的聚光灯，它通常用于路径及一些大场景中，使用场所远没有目标聚光灯广泛。它和目标聚光灯类似，产生一个锥形的照明区域以及一些灯光的效果。光束的大小、范围都可以调节，并可以被物体遮断，但不能对目标点进行调整。在动画中，能够维持投射范围不变。自由聚光灯的效果如图 8-3 所示。

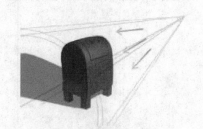

图 8-2　目标聚光灯效果图　　　　　图 8-3　自由聚光灯效果图

2．平行光

平行光包括目标平行光和自由平行光两种类型。

目标平行光与目标聚光灯类似，都是目标型的光源，区别在于目标平行光发出类似于圆柱体的平行光源，由于太阳光近似于平行光，所以目标平行光常用来模拟太阳光、极远处的探照灯等光源。可以调整设定目标物，这一点和目标聚光灯极其相似，目标平行光的效果如图 8-4 所示。

自由平行光与目标平行光的关系和自由聚光灯与目标聚光灯的关系类似。自由平行光发出类似于圆柱体的平行光，这种光只能调整光柱和投射点，不能对目标点进行调整，和自由聚光灯类似。在动画中，能够维持投射范围不变，自由平行光的效果如图 8-5 所示。

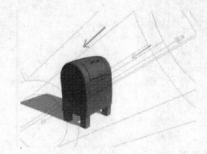
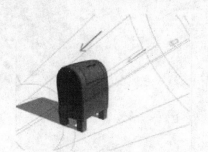

图 8-4　目标平行光效果图　　　　　图 8-5　自由平行光效果图

创建一个自由平行光灯和创建"圆柱体"类似，请注意在什么视图中拖动鼠标利于获得自己想要的自由平行光。

3. 泛光灯

泛光灯是指按360°球面向外照射的点光源。泛光灯提供给场景以均匀的照明，没有方向性，照射的区域比较大，不能控制光束的大小，适合与模拟家中的灯泡、吊灯等光源，泛光灯的效果如图8-6所示。创建泛光灯光源时应注意，由于泛光灯是360°发出光，针对整个场景的光源，所以不要过多，否则将会失掉整个场景的层次感。

4. 天光

天光是一种圆顶的光源。天光可作为场景中的唯一光源，它提供了一种柔和的背景阴影，也可以和其他的光源一起使用获得高亮度和整齐的投影，通常需要调节它的亮度，天光的效果如图8-7所示。

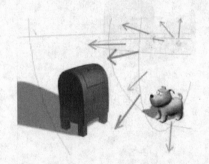

图8-6　泛光灯效果图

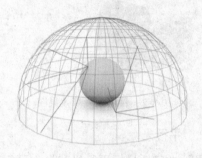

图8-7　天光效果图

5. mr 灯光

mr 灯光包括 mr 区域泛光灯和 mr 区域聚光灯，可以从一点产生一个球形或者圆柱形的照明区域，通常用于 mental ray 渲染方式，区域灯光和其对应的标准灯光作用一样。区域泛光灯的效果如图8-8所示。

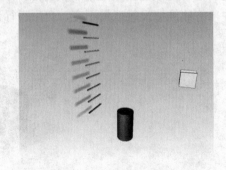

图8-8　区域泛光灯效果图

8.1.2　光度学灯光

光度学灯光是一种用于模拟真实灯光并可以精确地控制亮度的灯光类型，在 3ds max 2010 中提供了多种实际的灯光类型供选择，如图 8-9 所示。光度学灯光还可以通过选择不同的灯光颜色并载入光域网文件（*.IES 灯光文件），模拟出逼真的照明效果。

光度学灯光包括 3 种不同的灯光对象："目标灯光"、"自由灯光"和"mr sky 门户"。

1.　目标灯光

目标灯光包含灯光和灯光的目标两部分，灯光永远指向灯光目标。灯光在场景中的扩散方式会影响对象投影阴影的方式，通常较大区域的投影阴影较柔和。在"目标灯光"的修改面板中的"图形/区域阴影"卷展栏的"从（图形）发射光线"选项卡的下拉列表框中可以进行选择如图 8-10 所示，所提供的 6 个选项如下。

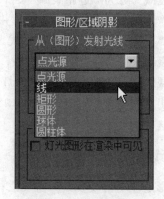

图 8-9　区域泛光灯效果图　　　　图 8-10　选择目标灯光类型

点光源：对象投影阴影时，如同几何点（如裸灯泡）在发射灯光一样。

线：对象投影阴影时，同线形（如荧光灯）在发射灯光一样。

矩形：对象投影阴影时，如同矩形区域（如天光）在发射灯光一样。

圆形：对象投影阴影时，如同圆形（如圆形舷窗）在发射灯光一样。

球体：对象投影阴影时，如同球体（如球形照明器材）在发射灯光一样。

圆柱体：对象投影阴影时，如同圆柱体（如管形照明器材）在发射灯光一样。

2.　自由灯光

自由灯光与目标灯光类似，但只能调整光柱和投射点，没有目标点。同样可以选择灯光类型。

3.　mr sky 门户

mr sky 门户对象提供了一种"聚集"内部场景中的现有天空照明的有效方法，无需高度最终聚集或全局照明设置（这会使渲染时间过长）。实际上，门户就是一个区域灯光，从环境中导出其亮度和颜色。

8.2 灯光的参数设置

要想使灯光效果生动起来，就需要进行参数修改。各种灯光的参数基本相同，下面以目标聚光灯为例来说明灯光的参数设置。

8.2.1 设置灯光的颜色

灯光的颜色可以改变场景的色调。"强度/颜色/衰减"卷展栏中的颜色控制框用于控制灯光的颜色，与普通的颜色控制没什么区别。

8.2.2 设置灯光的衰减

灯光的"衰减"是在"强度/颜色/衰减"卷展栏中设置的，如图 8-11 所示。

"衰减"分为"近距衰减"、"远距衰减"两种，每种都有"使用"和"显示"两项，并且分为"无"、"倒数"和"反平方比"三种衰减方式。

"衰减"控制灯光随距离衰减，即灯光随距离的增大而线性减弱。不设置"衰减"时，灯光依据与表面所成的角度照明，表面与入射光成 90°时，灯光最亮，而现实中是不会这样的。

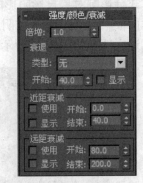

图 8-11 "强度/颜色/衰减"卷展栏

8.2.3 设置灯光的阴影

阴影是在"常规参数"卷展栏和"阴影参数"卷展栏中设置的。

聚光灯可以使用"阴影贴图"、"区域阴影"、"光线跟踪阴影"、"高级光线跟踪"和"mental ray 阴影贴图"5 种类型。"阴影贴图"产生的阴影是从聚光灯光源的方向投影的一个位图。这种方法产生的阴影速度快，需要较多的内存和较短的渲染时间，并且阴影的边缘模糊，很不细致。"光线跟踪阴影"生成阴影速度慢，但能够生成精确的阴影区域和清晰的边界，几乎总是与投射它们的对象吻合，并且"光线跟踪阴影"能够对透明物体产生准确的阴影。

光线追踪与阴影贴图相比较，两种类型的阴影都有自己的长处和短处，什么时候使用哪种阴影要根据具体情况决定。光线追踪比阴影贴图设置起来简单，投射的阴影也很准确，但是需要较长的渲染时间，而且阴影的边界总是非常清晰。阴影贴图提供有模糊边界的阴影，需要的渲染时间也较短，但是要占用较多的内存，而且要得到真实的阴影也需要仔细调整一些设置。

※ 实例 8-1 设置灯光的阴影

在场景中设置灯光的阴影，并查看效果。

具体操作步骤如下。

（1）在"常规参数"卷展栏下，选择"阴影"选项组中的"启用"复选框，如图 8-12

所示。

（2）渲染场景，可看到"油罐"在灯光照射下产生的影子，如图 8-13 所示。

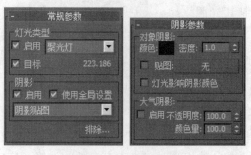

图 8-12　设置参数

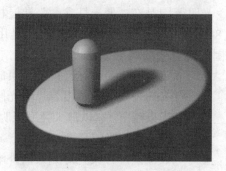

图 8-13　"油罐"产生的影子

（3）选择"光线跟踪阴影"，渲染视图，得到的效果如图 8-14 所示，图中的阴影明显比图 8-13 中的阴影精确清晰得多。

8.2.4　灯光的排除操作

灯光的排除操作可以在灯光的"排除/包含"对话框中设置灯光的排除操作。该功能可以选择场景中的对象，设置其是否被照射产生照明效果或者是否产生阴影。

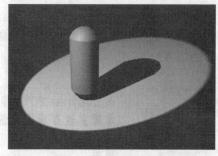

图 8-14　使用"光线跟踪阴影"产生的影子

※ 实例 8-2　设置灯光的排除对象

在场景中设置灯光的排除对象，并查看效果。

具体操作步骤如下。

（1）在"常规参数"卷展栏下，单击"排除"按钮，打开"排除/包含"对话框。确保右上角的"排除"单选按钮处于选中状态，在左侧编辑框中选择 OilTank01 选项，单击中间的 >> 按钮，即可将 OilTank01 添加到右侧的编辑框中，如图 8-15 所示。

（2）渲染场景，可看到油罐的受光面完全暗了下来，而且其影子也消失了，如图 8-16 所示。

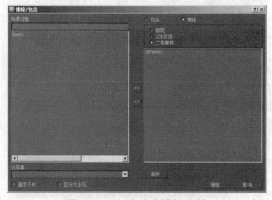

图 8-15　取消对油罐的照射

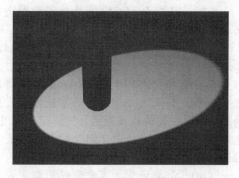

图 8-16　取消灯光对"油罐"的照射

8.2.5 设置光照范围

光照范围是在"聚光灯参数"卷展栏中设置的，如图 8-17 所示，"聚光区和误差区"是用来控制其光照范围的最重要的两个参数。

图 8-17 "聚光灯参数"卷展栏

- "聚光区"：聚光灯投射光束的宽度。它是指灯光向外发散的角度，"聚光区"的值越小，则光束越窄。它以最大亮度照明的范围定义光，但并不增加光的亮度。

- "衰减区"：聚光灯光束向外渐暗的区域，它可以等于或者大于发散角的值。当这两个参数相等时，光束有清晰的边缘。它定义照明结束的范围，即过渡性或者衰减性。

发散角和过渡角的差值控制最后光照区域边界的清晰度，或者是柔和、模糊程度。小的发散角和大的过渡角产生一个非常柔和的边界，而当这两个角度相差不大时，将会产生明显的边界。

在 3ds max 2010 中，"聚光区"和"衰减区"的值并不能完全相等，系统会根据最后设的值，自动将以前设的值减 2 或加 2，以保证"衰减区"的值总是比"聚光区"大，这样可防止投影边界出现锯齿走样现象。

8.2.6 设置灯光贴图

设置灯光贴图可以对灯光使用材质或者贴图，设置贴图之后，灯光将产生贴图的投射效果，在照射的对象上产生相应的漫反射效果。

※ 实例 8-3 设置灯光的贴图

在场景中设置灯光的贴图，并查看效果。

具体操作步骤如下。

（1）在"高级效果"卷展栏下，单击"投影贴图"区域的"贴图"按钮，打开"材质/贴图浏览器"对话框，选择"位图"选项，单击"确定"按钮。

（2）此时会打开"选择位图贴图文件"对话框，选择一幅木纹图片。

（3）单击"打开"按钮，在"聚光灯参数"卷展栏下，选择"矩形"单选按钮，使灯光以矩形方式显示，"圆"单选按钮表示聚光灯以圆形方式显示。如果选择"矩形"单选按钮，则下面的"纵横比"编辑框被激活，可以设置长宽比例，也可以通过单击"位图适配"按钮来设置其和一幅图片的比例相同。

（4）渲染场景，可看到使用灯光贴图后的效果，如图 8-18 示。

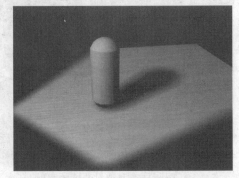

图 8-18 使用贴图后的效果

8.2.7　设置灯光的倍增

在"常规参数"卷展栏下，有一个"倍增"编辑框，用来提高或减弱灯光的亮度。数值大于 1 时，增加亮度；数值小于 1 时减小亮度，图 8-19 所示就是"倍增"值为 2 时的效果图。

8.2.8　灯光的泛光化

"泛光化"复选框位于"聚光灯参数"卷展栏中，它可以使聚光灯照射到"衰减区"角度以外的范围，并在多个方向上都能投射阴影，图 8-20 所示是选择了"泛光化"的场景效果图。

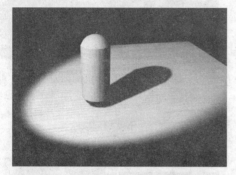

图 8-19　"倍增"值为 2 时的效果　　　　　图 8-20　选择"泛光化"的场景

"倍增"的值为负时，光源发出负光。在一个场景内部，负光可以达到使某个角度变暗的效果。即使选择了"泛光化"，也只有在"衰减区"范围内的物体才有阴影。

8.3　摄影机的创建与调整

从各个方向，各个角度，远近高低看同一个场景通常会有很大的不同，有时甚至产生令人耳目一新的效果，这就是摄影机要起的作用。

摄影机会协助完成一系列的工作，包括调节摄影的角度，摄影的视点、镜头、景深、可以得到同一场景不同的效果，例如高低摄影角度、主客观摄影角度、近远景等效果。在动画制作过程中，如果适当地加入摄影机，观察摄影机的拍摄过程，可比只看单一视图的效果好得多。

8.3.1　摄影机的种类

3ds max 2010 提供了"目标"和"自由"两种摄影机。

● 目标摄影机：由两部分组成摄影机和摄影机目标。摄影机表示观察点，摄影机目标表示看到的视点，适合于漫游、跟随、或空中拍摄，追踪拍摄，静物拍摄。

● 自由摄影机：自由摄影机更像是现实世界中的摄影机，使用自由摄影机基本上是把摄影机对准物体，而不是把摄影机目标移到对象上。自由摄影机只有摄影机对象，没有摄影机目标，它沿自己的局部坐标系 Z 轴负方向的任意一段距离定义为它们的视点，主要用于动画中在对象的运动轨迹上观察对象。

8.3.2 创建摄影机

与目标聚光灯类似，建立一个目标摄影机同时要建立两个物体，一是摄影机本体，二是目标。摄影机本体是永远指向目标的，不管是目标物移动还是摄影机移动，摄影机的指向目标物的性质都不会改变，下面来创建一个目标摄影机。

单击"对象类型"下方的"目标"按钮，在"顶视图"中，按住鼠标，首先产生一个摄影机本体，拖动鼠标则目标物出现了，把它拖到指定的位置即可，如图 8-21 所示。一般情况下，很难一步拖到位，不过可以使用一些命令达到想要的效果。

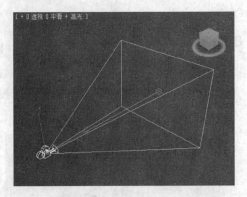

图 8-21 摄影机的创建

8.3.3 调整摄影机参数

目标摄影机和自由摄影机的参数大致相同，下面就介绍常用的几个参数。选择摄影机，在面板的"参数"卷展栏中，可看到摄影机的参数，如图 8-22 所示。

- "镜头"：设置焦距，系统默认值为 43.456 mm。
- "视野"：系统默认值为 45.0 度，接近人眼的聚焦角度。"视野"左边的按钮包括水平、垂直和对角 3 种视野，使 3ds max 2010 中的摄影机更加现实化。

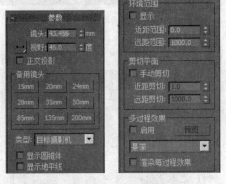

图 8-22 摄影机的基本参数

- "备用镜头"选项组：包括 15 mm、20 mm、24 mm、28 mm、35 mm、50 mm、85 mm、135 mm 和 200 mm 九种。其中焦距小于 50 mm 的镜头叫广角镜头，主要用于动画的开始制作和场景设置；焦距大于 50 mm 的镜头叫长焦镜头，仅能包含场景中很少的物体。
- "显示圆锥体"复选框：锥形框显示选项。
- "显示地平线"复选框：水平框显示选项。
- "环境范围"选项组：用来控制大气效果，包括"近距范围"，雾化时指开始有雾的地方；"远距范围"，雾化时指雾最浓的地方。"显示"复选框：选择在视图中显示近点和远点范围，使用后如图 8-23 和图 8-24 所示。
- "剪切平面"选项组：如果选择"手动剪切"复选框，则可对下面两项进行设置。"近距剪切"：摄影机看不到距离小于该数值的物体。"远距剪切"：摄影机看不到距离大过该数值的物体，如图 8-25 所示。

图 8-23　设置大气效果的远近范围

图 8-24　设置后的渲染效果

8.3.4　调整摄影机视图

摄影机创建完毕后，选择任意视图，按 C 键即可切换至摄影机视图。调节摄影机的位置，可以得到不同视角的视图效果。当激活摄影机视图的同时，右下角的导航按钮发生了变化，如图 8-26 所示。

图 8-25　设置剪裁平面的远近范围

图 8-26　摄影机视图下的导航按钮

- 推拉摄影机按钮：单击该按钮，在摄影机视图中上下拖动鼠标，镜头沿目标点和视点之间的连接前后移动，模型在视图中变大或变小。
- 透视按钮：单击该按钮，在摄影机视图中上下拖动鼠标，镜头沿视线（目标点与视点的连线）远离或移近模型点，视野变大或变小，模型在视图中的大小不变。
- 侧滚摄影机按钮：单击该按钮，在摄影机视图区中拖动鼠标发现模型和摄影机位置没有变化，但模型在视图中沿自身轴线转动。
- 视野按钮：单击该按钮，在摄影机视图区中拖动鼠标，模型和摄影机位置没有变化，但摄影机的视野发生了变化，即模型在视图中变大或变化。
- 平移摄影机按钮：单击该按钮，在摄影机视图区中拖动鼠标，模型和摄影机一起在视图中移动。
- 环游摄影机按钮：单击该按钮，在摄影机视图区中拖动鼠标，模型位置不变，摄影机围绕目标点转动。

实际上，使用上述按钮对摄影机视图进行调整的过程，就是调整摄影机参数的过程。

8.3.5 使用摄影机的技巧

利用摄影机的移动制作动画和现实中拍摄电视剧或电影非常相似，因此，现实拍摄的一些技巧对于动画制作很有帮助。

（1）推拉

推动镜头使观者的焦点集中到场景的中心对象上，就是告诉观者这个对象是重要的。推拉摄影机还可以产生其他效果，比如，将摄影机深入鲨鱼的嘴里会使观者产生恐惧感。有两种方法推拉摄影机：缓慢推拉和快速推拉，两种方法将会产生不同的效果。缓慢推拉，使观者甚至意识不到自己正进入或远离场景的中心主题；而快速推拉会使观者感到不和谐，但对于节目的生动性是很有效的，当然也可以制造一些紧张、急迫的效果。

（2）冻结

有时使摄影机纹丝不动，即冻结摄影机，会产生很独特的效果。这个方法可以在场景中用于表现死亡或结束。在运动着的场景中，突然图像冻结了，这样的特写会给予观者很深的印象。

※ 实例 8-4　设置摄影机的参数

在场景中设置摄影机的参数，包括各种景深的影响，并查看效果。

具体操作步骤如下。

（1）在视图中创建 3 个棋子和一个棋盘。在场景中新建一个目标型的摄影机，将摄影机的目标点指向前面的一个棋子。然后将透视视图切换为摄影机视图，对照着摄影机视图的效果，在三个视图中调整摄影机的位置。最后得到的摄影机视图的效果，如图 8-27 所示。

（2）勾选"多过程效果"设置区下的"启用"复选框，将摄影机的景深模糊特效打开。保持默认的景深设置选项不变，单击"预览"按钮，对当前的景深模糊效果进行快速浏览。渲染视图，得到的效果图如图 8-28 所示。

图 8-27　原场景

图 8-28　景深预览

这里的快速浏览只是对景深模糊进行一些简单的计算，不考虑其他的因素。使用这个命令，可以在进行真正渲染之前进行预览，如果景深的效果不好，可以对参数进行重新的设定；最后，在摄影机视图中看到了理想的景深效果再进行真正的渲染。

（3）前面制作的景深效果不是很明显。进入摄影机的"景深"卷展栏，在"采样"设置区中将"采样半径"的值调高到 3.0，再使用"预览视图"命令进行景深预览，渲染视图得到的效果如图 8-29 所示。

（4）这次得到的景深的模糊度明显加强了，但是模糊的品质太差，在棋子的周围出现了很多的重影，这说明模糊采样值太低了。在"采样"设置区中将"过程总数"的数值提高到 20，再次进行渲染得到的效果如图 8-30 所示，这次制作的景深模糊品质非常高。

图 8-29　增加模糊程度

图 8-30　提高模糊品质

（5）目前使用的是目标型的景深对象设置，将摄影机的目标点分别移动到最后面的棋子上，得到的效果如图 8-31 所示。从这两次景深效果的对比可以看出，使用目标型的景深对象设置，离目标点越近的物体模糊程度越小，离目标点越远的物体模糊的程度越大。

（6）使用设置景深平面的办法来制作景深效果。选择摄影机，进入修改面板；在"剪切平面"设置区下调整两个切片的位置，将近切片放在中间棋子的前端，将远切片放在中间棋子的后端，这样渲染的区域就被限定在中间的棋子所在的范围。对摄影机视图进行渲染，得到的效果如图 8-32 所示。

图 8-31　设置景深的聚焦点

图 8-32　设置摄影机切片

（7）观察这时的"近距剪切"和"远距剪切"的数值。计算出两者的平均值，将这个数值填入到"目标距离"输入框中，并对这时的景深效果进行渲染，得到的效果如图 8-33 所示。

8.4　动手实践

本实例通过综合应用各种灯光参数的设置，将要用到各种阴影和透视光的效果。这个简单的实例，综合应用了材质贴图，灯光及参数设置等命令。通过调

图 8-33　最终的景深效果

整灯光的参数，以及选择合适的材质参数就可以得到许多效果，如图 8-34 所示。

具体操作步骤如下。

（1）进入"创建"｜"几何体"面板，单击"长方体"按钮，在左视图中创建两个长方体作为墙壁的造型，如图 8-35 所示。

（2）使用同样的方法创建后面的墙壁、天花板和地板，然后在房间里创建两个球体模型，大小和位置，如图 8-36 所示。

图 8-34　玻璃球最后效果图

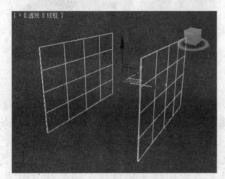

图 8-35　创建的房屋墙壁

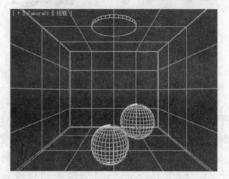

图 8-36　场景模型

（3）下面为物体指定材质和为场景添加灯光效果等。打开材质编辑器，为地板上的两个球体设置材质，两个球体的材质参数设置如图 8-37 所示。

（4）单击"灯光"面板上的"泛光灯"按钮，在透视图中单击鼠标创建一个泛光灯光源。打开"修改"面板，勾选"阴影"下的"启用"复选框。使用移动工具把这个泛光灯移动到天花板上圆形吊灯的中央，场景中泛光灯的位置如图 8-38 所示。

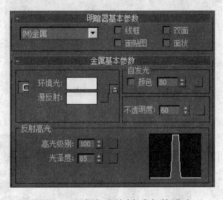

图 8-37　玻璃球的材质参数设定

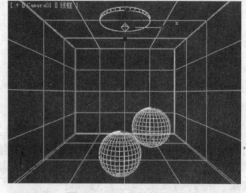

图 8-38　泛光灯的位置

（5）右击泛光灯对象，在弹出的快捷菜单中选择"投影阴影"选项。如果这时对摄影机视图进行渲染如图 8-39 所示，可以发现球体在地面上投射出阴影看起来非常黑并且边缘锐利生硬。下面将光源的参数进行调整，使光线看起来更加柔和。

（6）在"修改"命令面板的"强度/颜色/衰减"卷展栏中将"倍增"参数增加到 1.2。在"衰退"选项组中将"类型"选为"倒数"类型，并将衰退的"开始"参数设为 40，如图 8-40 所示。

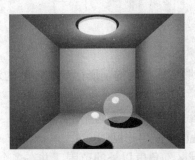

图 8-39　场景渲染效果

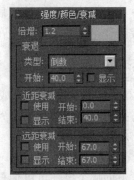

图 8-40　灯光的参数设置

（7）在左面墙壁靠近顶棚的位置处再创建一盏泛光灯。设置该光源的"倍增"参数为 0.6，在"强度/颜色/衰减"卷展栏下选择"衰退"栏下的"倒数"选项，然后给这个光源选择蓝色。

（8）再创建一个泛光灯参数和第（4）步创建的设置相同。位置放在右面墙壁处，为这个泛光灯设置颜色为红色。

（9）选择"渲染"|"环境"命令，在"全局照明"卷展栏中单击"环境光"颜色框，设置红绿蓝值均为 80。

（10）选择顶部的"泛光灯"光源，打开"修改"面板。向上拖动面板，找到并展开"阴影贴图参数"卷展栏，设置"采样范围"参数为 10，其余参数保持不变。

（11）单击"阴影参数"卷展栏中"对象阴影"栏下的颜色方框，将其更改为一种中灰色。

（12）改变后来创建的两个泛光灯的位置，找到一个最佳的位置，最后的渲染结果如图 8-41 所示。

图 8-41　玻璃球最后效果图

8.5　习题练习

8.5.1　填空题

（1）目标聚光灯的光源来自于一个发光点，产生一个_____形的照明区域，从而影响光束里的对象，产生灯光的效果。

（2）_____是指按 360°球面向外照射的点光源，它提供均匀的照明，没有方向性。

（3）"倍增"微调框用来控制灯光的强弱，数值越大表示灯光的强度越_____，反之越_____。

（4）mr 区域泛光灯和聚光灯可以从一点产生一个球形或者圆柱形的照明区域，通常用于_____渲染方式。

（5）3ds max 2010 提供了_____和_____两种摄影机。

（6）建立一个目标摄影机同时建立两个对象，一是_____，二是_____。

（7）在摄影机的"剪切平面"选项组中如果选中"手动剪切"复选框，则"近距剪切"值确定摄影机看不到距离_____于该数值的对象。

（8） 单击推拉摄影机按钮后，在摄影机视图中向上拖动鼠标，镜头沿目标点和视点之间的连接向_____移动，模型在视图中变_____。

8.5.2 选择题

（1） 下面哪种阴影形式生成阴影速度慢，但能够生成精确的阴影区域和清晰的边界，几乎总是与投射它们的对象吻合？（　　）

    A. 阴影贴图　　　　　　　　　　B. 光线跟踪阴影

    C. 区域阴影　　　　　　　　　　D. mental ray 阴影贴图

（2） 下面哪个操作可以使聚光灯照射到"衰减区"角度以外的范围，并在多个方向上都能投射阴影？（　　）

    A. 增大倍增的数值　　　　　　　B. 扩大聚光区的角度

    C. 扩大衰减区的角度　　　　　　D. 泛光化

8.5.3 上机练习

（1） 将本章中的各种效果实际演练一遍。

（2） 制作如图 8-42 所示的效果（提示：混合使用目标聚光灯和泛光灯并调整到适当的位置，其中目标聚光灯使用的近距衰减加泛光化，并且注意目标聚光灯泛光化和加入泛光灯的区别）。

图 8-42　练习题（2）

（3） 制作如图 8-43 所示的效果（提示：使用摄影机的景深效果。）

图 8-43　练习题（3）

第 9 章 环 境 设 置

本章要点

- 环境设置。
- 雾效果的使用。
- 体积光的应用。
- 火效果的应用。
- 辅助对象的设置。

本章导读

- **基础内容：** 多种环境特效的应用，包括雾、体积光和火效果等。
- **重点掌握：** 如何创建合适的环境特效，并设置出相应的参数，配合模型，在渲染时增加场景真实感的气氛。
- **一般了解：** 辅助对象的创建和使用方法。

课堂讲解

环境设置在 3ds max 2010 的动画制作中与灯光、摄影机具有同样重要的作用。"环境"设置对话框的功能十分强大，能够创建各种增加场景真实感的气氛，比如向场景中增加标准雾、分层雾、体积雾和体光、火焰效果，还可以设置背景贴图。

选择菜单栏中的"渲染"|"环境"命令，弹出 3ds max 2010 的"环境和效果"窗口，如图 9-1 所示。"环境"面板包括多层控制类型：最上面是"背景"选项区，用来设置场景背景颜色/贴图；"全局照明"选项区用来设置环境光；"大气"效果包含"火效果"、"体积光"、"雾"和"体积雾"。本章主要介绍制作雾和体积雾、体积光、火效果，同时在节中结合实例介绍"环境和效果"窗口中提供的强大环境特性。

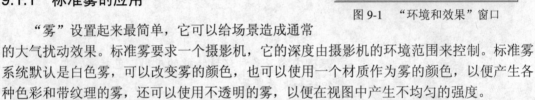

图 9-1　"环境和效果"窗口

9.1　雾的应用

3ds max 2010 的"环境"对话框中有 3 种雾：雾、分层雾和体积雾，它们的特征相似但使用的效果却不同。

9.1.1　标准雾的应用

"雾"设置起来最简单，它可以给场景造成通常的大气扰动效果。标准雾要求一个摄影机，它的深度由摄影机的环境范围来控制。标准雾系统默认是白色雾，可以改变雾的颜色，也可以使用一个材质作为雾的颜色，以便产生各种色彩和带纹理的雾，还可以使用不透明的雾，以便在视图中产生不均匀的强度。

设置标准雾后，则在摄影机视图中按场景深度进行着色，离摄影机近的地方看得清楚，离摄影机远的地方看得模糊。

"雾化背景"可以用雾作为场景的背景，取消选择时层雾只对物体起作用；"环境不透明度贴图"：通过不透明度控制雾的密度变化，以此模拟自然界的真实雾效；"近端%"：设定近镜头范围的雾浓度百分比；"远端%"：设定远镜头范围的雾百分比。

※ 实例 9-1　标准雾效

创建一个文字对象，添加标准雾效，查看效果。

具体操作步骤如下。

（1）重置场景，在视图中创建长方体和几个字母，其中字母是由"文本"造型拉伸得到。然后创建一个摄影机，并将透视图切换为摄影机视图，如图 9-2 所示。

（2）选择摄影机，打开"修改"面板，在"环境范围"区域中选择"显示"复选框，然后修改"近距范围"和"远距范围"参数，如图 9-3 所示。

图 9-2　创建场景

（3）当修改这两个参数时，可看到摄影机上出现两个截面，分别表示在环境效果的近、远范围界限。雾的效果在近范围处开始，在远范围处结束，如图 9-4 所示。

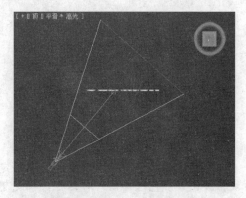

图 9-3 设置摄影机的环境效果范围　　　图 9-4 摄影机的近范围处和远范围处

（4）下面添加标准雾。在下拉式菜单"渲染"中，执行"环境"命令，打开"环境和效果"窗口，如图 9-5 所示。

（5）"公用参数"卷展栏下的"背景"区域是用来设置场景的背景颜色和贴图的，"大气"卷展栏是用来设置大气效果的。在"大气"卷展栏下，单击"添加"按钮，打开"添加大气效果"对话框，选择"雾"选项，如图 9-6 所示。

图 9-5 "环境和效果"窗口　　　　图 9-6 "添加大气效果"对话框

（6）单击"确定"按钮。在"类型"旁有两种雾的类型可供选择，即"标准"雾和"分层"雾。现在使用默认设置的标准雾渲染场景，可看到雾的场景，随着距离的变远，雾也越来越浓，如图 9-7 所示。

（7）选择摄影机，在"修改"面板的"参数"卷展栏下，在"环境范围"区域中，将"近距范围"的值改为 10.0，重新渲染场景，可看到随着范围的变近，场景中的雾也变浓了，如图 9-8 所示。

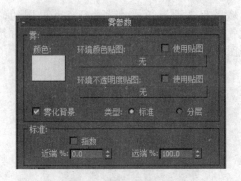

图 9-7 系统默认下的雾效   图 9-8 修改摄影机近范围后的效果

（8）雾的颜色是可以改变的，不一定用白色的雾。在"雾参数"卷展栏中单击颜色方块，弹出"颜色选择器"对话框，确定想要的颜色。选择黄色（RGB 为 255，255，0）如图 9-9 所示，快速渲染结果如图 9-10 所示。

图 9-9 设置雾的颜色   图 9-10 设置雾的颜色

如果把雾的颜色设为黑色，则距离越远，暗物越暗，这样可产生一种明显的空间纵深感觉。

（9）可以通过"标准"区域中的"近端%"和"远端%"两个选项来调节雾的浓度，它们分别表示近范围和远范围雾的浓度。系统默认设置是近范围没有雾（0%），远范围雾的浓度为 100%，图 9-11 所示是将"远端%"设置为 50.0 的效果。

除了调节雾的颜色和浓度外，也可以为雾指定一个贴图，这是通过"环境颜色贴图"和"环境不透明度贴图"按钮来实现的。

图 9-11 将"远端%"设置为 80.0 的效果

在 3ds max 2010 中，雾不仅对场景起作用，对背景也起作用。在环境对话框中的"雾"区域下，有一个"雾化背景"复选框，当关闭该选项后，则雾只对场景起作用，而对背景不起作用。

9.1.2　分层雾的应用

分层雾像一块平板，有一定的高度及无限的长度和宽度。分层雾总是与场景中的地面平行，可以在场景中的任意位置设定分层雾的顶部和底部。

在 3ds max 2010 中，分层雾环境使你能够定义一个固定在某一位置的浮动雾板。这个雾板与摄影机的位置无关，它总是平行于顶视图。使用"顶"和"底"参数可以完全控制它在垂直方向的开始点和结束点，从而确定雾的高低。

"地平线噪波"通过设置雾的尺寸、角度和相位，使其在雾的地平线上增加噪波以增加真实感。当关闭该复选框时，层雾的边界有一明显的线，使雾效果显得很生硬，当选择该复选框时，边界会显得很柔和。分层雾的深度和宽度无限延伸，高度由用户指定。"角度"和"相位"两个参数在水平干扰复选框选中时才有效，它们共同作用，可以改变分层雾的上端的起伏形态，通常使用"相位"参数来制作动画。

※ 实例 9-2　分层雾效

为场景添加分层雾效，查看效果。

具体操作步骤如下。

（1）在"环境"对话框中的"雾参数"卷展栏中，选择"分层"单选按钮，如图 9-12 所示。

（2）此时，下面的"分层"区域中的参数被激活。其中"顶"和"底"用来设置分层雾在垂直方向的开始点和结束点。这个数值是沿垂直轴的单位距离，它根据场景来确定，这里设置其参数如图 9-13 所示。

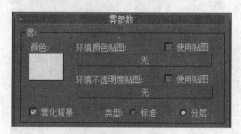

图 9-12　选择分层雾

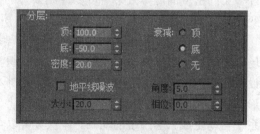

图 9-13　分层雾的参数

（3）渲染场景，可看到设置分层雾的效果，如图 9-14 所示。

（4）如果在"雾参数"卷展栏中，取消对"雾化背景"复选框的选择，渲染场景，可看到分层雾只对对象起作用的效果，如图 9-15 所示。

（5）"密度"参数用来设置分层雾的密度。分层雾有一个对象颜色为 50%的均匀密度，使用不透明贴图还可以得到不均匀的密度。将"密度"设置 100.0，渲染场景，可看到分层雾浓度增大的效果，如图 9-16 所示。

（6）选择"水平线噪波"复选框时，边界会显得很柔和，如图 9-17 所示。

图 9-14　设置分层雾的效果

图 9-15　分层雾只对对象起作用的效果

图 9-16　增大分层雾的浓度

图 9-17　加入水平线噪波的效果

9.1.3　体积雾的应用

　　"体积雾"是另一种环境效果，它能够为场景制造出许多不同密度的烟雾效果，可以控制云雾的色彩、浓淡、变化风速和风向等，其参数面板如图 9-18 所示。

　　体积雾也能像分层雾一样使用"噪波"参数，可以在场景中制作一缕缕飘忽不定的云雾。对体积雾来说，可以设置它的风力、风向和相位等参数，以控制体积雾的外在形态。其中，可以通过改变"相位"的值来让 3ds max 2010系统自动生成云雾缭绕的动画。体积雾可以全屏使用，也可以拾取选择辅助对象。

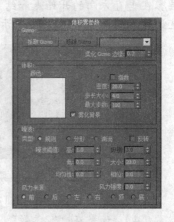

图 9-18　体积雾参数设置面板

9.2　火效果的应用

　　火效果非常出色，极适合创建火、烟和爆炸之类的动画场景。在 3ds max 2010 中，制作"火效果"的大致步骤如下。

● 创建一个或多个"大气装置"物体，将"火效果"放到场景中。

- 在"环境"对话框中定义关于燃烧的气氛和效果。
- 将"大气装置"物体分配给"火效果"。

9.2.1　创建大气装置

运用环境设置火效果时，要结合"大气装置"对象使用，由于"大气装置"不是粒子效果且不生成几何体，因此渲染时使用的内存相对来说要少。

在"创建"面板中，单击  "辅助对象"按钮，在下面的列表框中选择"大气装置"选项，如图 9-19 所示。3ds max 2010 中总共有 3 种类型的辅助对象，火效果多使用球形或半球 Gizmo。

图 9-19　"大气装置"面板

在"对象类型"卷展栏下，单击"球体 Gizmo"按钮，然后在视图中拖动鼠标，即可创建一个球体 Gizmo，如图 9-20 所示。在面板的"球体 Gizmo 参数"卷展栏下，可看到球体 Gizmo 的创建参数，如图 9-21 所示。

图 9-20　球体 Gizmo

图 9-21　球体 Gizmo 的参数

球体 Gizmo 有下面几个参数。

- "半径"：设置系统设定的"大气装置"球体半径。在任意视图中拖动鼠标可定义其起始半径，然后用微调器调整它的值。
- "半球"：当选中时，"大气装置"下半部分被切掉，产生一个半球形。
- "种子"：设置用于产生"火效果"的基本值。在场景中的每一个"大气装置"都有一个不同的种子。
- "新种子"：这是一个按钮，单击可自动地产生随机数并将其放在"种子"中。

> "种子"和"新种子"两个参数用于设置产生可变的火种，当将多个"大气装置"物体赋予同一个效果时会出现这种情况。如果多种"大气装置"用同一个火种和同样的雾化气氛作用，则会产生接近等同的效果。

对于另外的"长方体 Gizmo"和"圆柱体 Bizmo"，除了形状参数不一样，其他均是一样的。

9.2.2 添加火效果

要让大气装置产生效果，还必须加入火效果，且在渲染火效果之前必须把大气装置分配给火效果。和体积光、雾的效果一样，火效果也是通过环境对话框来添加的。

在下拉式菜单"渲染"中执行"环境"命令，打开"环境"对话框。在"大气"卷展栏中，单击"添加"按钮，打开"添加大气效果"对话框，选择"火效果"选项，单击"确定"按钮。

在"火效果参数"卷展栏下，单击"拾取 Gizmo"按钮，然后在视图中单击上面创建的"大气装置"按钮，即可将"大气装置"分配给该火效果。渲染场景，可看到燃烧的火焰，如图 9-22 所示。

图 9-22 默认参数下的"火效果"

9.2.3 火效果的参数设置

在"火效果参数"卷展栏下，可看到火效果的设置参数，如图 9-23 所示。

（1）"Gizmo"选项组：其列表框显示了分配燃烧效果的燃烧设备。"拾取 Gizmo"按钮用于添加一个燃烧设备，"移除 Gizmo"用于移除一个燃烧设备。

（2）"颜色"选项组：利用其下的颜色框可为燃烧效果设置 3 种颜色，内部颜色、外部颜色和烟雾颜色。

（3）"图形"选项组：可以控制火焰的形状、比例和图案。"火焰类型"用于设置火焰的方向和一般形状，其中"火舌"可产生沿火焰中心发展如卷发状的火焰，"火球"可产生球形喷射火焰；"拉伸"设置火焰的 Z 轴伸长，制作卷须状火焰效果较好。

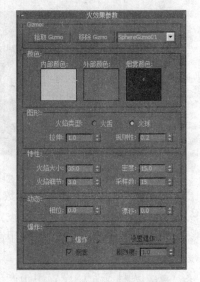

（4）"特性"选项组：设置火焰的大小和外观。这些参数都取决于设备的大小，而其内部又是相互依赖

图 9-23 火效果的参数

的，改变一个参数会影响到其他几个参数。"火焰大小"用于设置在设备内单个火焰的大小。"火焰细节"用于控制颜色的改变量和在火焰内看到的边缘的锐度，若值较低则产生模糊的火焰，并且绘制速度较快；若值较高则产生清晰的火焰。"密度"设置火焰的不透明度和亮度。

（5）"动态"选项组：用来制作动画。"相位"用于控制燃烧效果变化的速度；"漂移"用于设置火焰燃烧设备的 Z 轴升起的快慢。

将火效果指定给辅助对象后，辅助对象的大小和高度与燃烧的效果、参数设置关系密切。辅助对象也可以随时间变化，以使火焰燃烧起来或者熄灭，还可以使火在场景中运动。在每一个辅助对象中，燃烧都使用一个随机数产生器，以产生随机的效果，但是也可以通过使用同样的值来准确地重现相同的"火效果"。

需要注意的是火效果不是光源，因此它不发射日常生活中火产生的光。若要获得发光的效果，需要另外施加光源。

9.2.4　创建爆炸效果

通过火效果中的参数可以创建爆炸效果。单击"设置爆炸"按钮，打开"设置爆炸相位曲线"对话框，可在该对话框中输入起始和结束的爆炸时间，然后单击"确定"按钮，相位值会自动地产生典型的爆炸效果的动画。

※ 实例 9-3　火效果

本实例将为红烛场景制作火焰效果。首先创建辅助对象，并添加火效果，效果如图 9-24 所示。

具体操作步骤如下。

（1）选择"文件"|"打开"命令，打开第 5 章中创建的红烛模型，如图 9-25 所示。

图 9-24　烛光效果　　　　　　　　　　　　图 9-25　红烛模型

（2）给蜡烛添加火焰特效，进入"创建"|"辅助对象"面板，在下拉列表框中选择"大气和效果"选项，单击"球体 Gizmo"按钮，在顶视图中创建球体 Gizmo。在"球体 Gizmo 参数"卷展栏中设置"半径"为 2.5，并选中"半球"复选框如图 9-26 所示，使其成为一个半球，如图 9-27 所示。

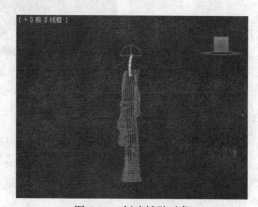

图 9-26　设置辅助对象参数　　　　　　　图 9-27　创建辅助对象

（3）单击前视图使其成为当前视图。单击工具栏的▦按钮，在 Z 方向向上拖动鼠标，并在 Z 方向上对球体 Gizmo 进行拉伸，如图 9-28 所示。

（4）选定球体 Gizmo，在"修改"面板的"大气和效果"卷展栏中单击"添加"按钮，在弹出的对话框中选择"火效果"选项返回，然后选中"火效果"后单击"设置"按钮。

（5）在"火效果参数"卷展栏内对火焰特效进行参数设置，然后设置"内部颜色"的色彩值为红绿蓝（255，255，243），"外部颜色"的色彩值为红绿蓝（247，183，46），其余参数设置如图 9-29 所示。

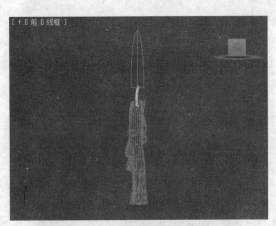

图 9-28　拉神辅助对象

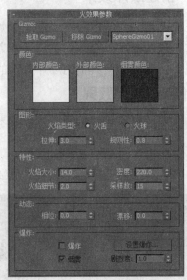

图 9-29　火焰特效的参数修改

（6）按 F9 键进行快速渲染，得到的渲染效果如图 9-30 所示。

图 9-30　添加火焰后的效果

9.3　体积光的应用

"体积光"能够产生灯光透过灰尘和雾的自然效果，可以用它很方便地做出大雾中的汽车前灯照射路面的场景，并通过设置参数来控制它所发的光的消散，即光由强到弱逐渐变化的效果。

9.3.1　体积光的参数设置

在 3ds max 2010 的环境设置对话框的体积光参数区卷展栏中，白色雾和蓝色衰减是默认的设置，但并非总是最合适的设置。要记住一点，体积光颜色是可以改变的，而体积光的强度又可改变对象的原始颜色，应该把体积光的颜色看成是整体光设计的一个有机组成部分。

体积光的参数设置面板如图 9-31 所示，常用的参数如下。

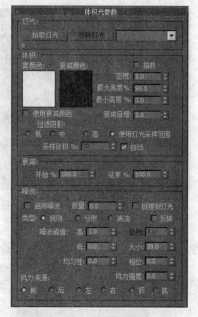

图 9-31　体积光参数设置面板

- "密度"控制体积光的密度，数值越大，整个光变得越不透明。在自然界中，真正有密度的光很少，在密度很大的大气条件下能发现的光只能是太阳光，除非创建一个密度很大的大气，否则一般选择低密度的光。默认值是 5，最好使用 2～6 之间的某个数值。

- "最大亮度%"和"最小亮度%"参数用来控制光的消散。"最大亮度%"控制光最亮的光辉，"最小亮度%"控制最暗的光辉。注意，如果"最小亮度%"被设置成大于 0，那么将在整个场景中产生光辉，这类似于环境光对场景的控制；"最大亮度%"的值为 100，是"密度"参数允许的最大亮度。

- 在"噪波"区域中选择"启用噪波"复选框，给体积光加入噪波会给人一种环境中灰尘很多的印象。"数量"和"大小"参数控制附加噪波的数量和大小；"类型"控制噪波是均匀的还是不规则扰动；"链接到灯光"控制是否将其与灯光链接，使得"噪波"与光源一起移动，当创建一个无序旋转的移动光源时，可以选择此项。

- 其他参数，如"相位"和"风力强度"控制体积光变化时的外观。"风力来源"是决定风向的，"相位"和"风力强度"之间的相互影响很重要；"相位"一般用来设置动画的参数，但是噪波的运动是受"风力强度"影响的。如果没有"风力强度"，"相位"仅使噪波翻腾，并不向任何地方移动。使用"风力强度"结合"相位"，体积光动画会表现得非常出色。

9.3.2　体积光的使用

要想使用体积光，首先必须有一个光对象，然后在"环境和效果"对话框中增加体积光。体积光的设置可被分配给一个光或者一系列光，虽然一个体积光设置可以运用给很多光，但是每一种光采用不同的体积光参数时效果会更好。

※ 实例 9-4　体积光效果

本实例将创建产生体积光的泛光灯，添加体积光效果，为烛光增添光晕效果。

（1） 打开蜡烛模型，如图 9-32 所示。

（2） 为整个场景添加光晕效果，在此之前需要做一些准备工作。在"灯光"面板中单击"泛光灯"按钮，在蜡烛正上方在创建一盏聚光灯，如图 9-33 所示。

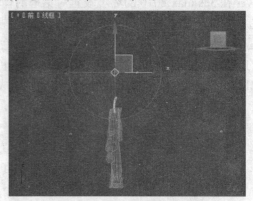

图 9-32 添加火焰后的效果   图 9-33 泛光灯范围效果图

（3） 单击 按钮进入"修改"面板，将"倍增"参数设置为 1.3，将其"远距衰减"中的"开始"和"结束"值分别设为 7.0 和 15.0，如图 9-34 所示。

（4） 单击"排除/包含"按钮，弹出"排除/包含"对话框，选择"排除"单选按钮，添加所有的对象如图 9-35 所示，这样该灯光将不会对场景中的物体产生照明和阴影效果。

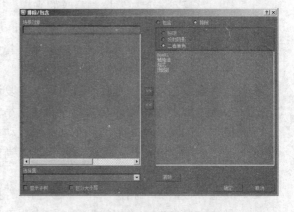

图 9-34 泛光灯的参数   图 9-35 设置泛光灯照射对象

（5） 选择"渲染" | "环境"命令，打开"环境和效果"对话框。在"大气和效果"卷展栏中单击"添加"按钮，在弹出的对话框中选择"体积光"选项，单击"确定"按钮确定，然后参照图 9-36 所示设置体积光的参数。

（6） 按 F9 键进行快速渲染，得到的效果如图 9-37 所示。

提示

"体积光"可以指定各种类型的灯光，制作一种带有体积的光线，其光线可以被物体阻挡，可以进行照明，投影或者投影图像，它产生真实的光线效果，运算速度比较慢。体积光可以设置灯光雾的颜色，可以设置密度等参数。

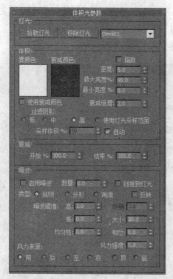

图 9-36　设置"体积光"参数

图 9-37　体积光效果

9.4　动手实践

在整个场景中使用了"雾"特效来模拟阴沉的海底场景，添加特定的聚光灯和体积光特效，得到阳光洒落的效果，如图 9-38 所示。

具体操作步骤如下。

（1）单击"打开文件"按钮，打开海底模型，如图 9-39 所示。

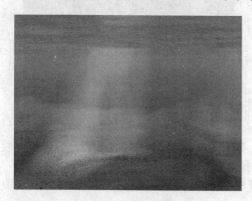

图 9-38　渲染效果图

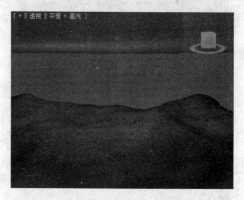

图 9-39　得到的场景模型

（2）按 M 键打开材质编辑器，选择第一个样本球作为背景贴图，单击"贴图"卷展栏下的"漫反射"右侧的"None"按钮，在弹出的对话框中选择材质类型为"渐变"贴图。

（3）在"渐变参数"卷展栏下设置"颜色#1"的颜色为红绿蓝（255，255，255），"颜色#2"的颜色为红绿蓝（72，141，164），"颜色#3"的颜色为红绿蓝（49，79，113），其他参数设置如图 9-40 所示。

选择"渲染"|"环境"命令，打开环境设置对话框，在弹出对话框的"大气"卷展栏下，单击"添加"按钮，在继续弹出的对话框中选择"雾"选项，然后单击"确定"按钮。

（4）在"雾参数"卷展栏下单击"环境颜色贴图"下方的"None"按钮，在弹出的材质/贴图浏览器左侧选择"材质编辑器"单选按钮，在右侧选择刚刚编辑好的渐变色材质，单击"确定"按钮。在继续弹出的对话框中选择"实例"选项，单击"确定"按钮。

（5）选择"分层"单选按钮，选择分层雾，其他参数设置如图9-41所示。

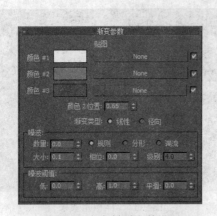

图9-40　渐变材质参数设置　　　　　　　　　　图9-41　设置"雾"参数

（6）按F9键渲染场景，得到海底效果图，如图9-42所示的。

（7）进入"创建"|"灯光"面板，单击"目标聚光灯"按钮，在前视图中创建5盏聚光灯，使用移动工具调节其位置和角度，如图9-43所示。

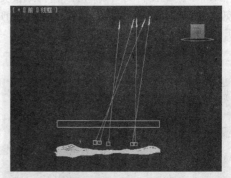

图9-42　模型渲染效果图　　　　　　　　　　图9-43　添加5盏聚光灯

（8）在视图中选中最右侧的一盏聚光灯，参照图9-44所示设置其参数，注意其发散角很小，"聚光区/光束"和"衰减区/区域"参数值分别为2.0和7.0。

（9）同样的设置另外两盏新添加的聚光灯参数，注意将其"倍增"参数值分别设为0.2和0.7。

（10）选择"渲染"|"环境"命令，打开"环境和效果"对话框。在"大气"卷展栏中单击"添加"按钮，在弹出的对话框中选择"体积光"选项，单击"确定"按钮。

（11）参照图9-45所示设置体积光的参数，单击"拾取灯光"按钮，在视图中选择新添的5盏聚光灯。

在 3ds max 2010 的环境设置对话框的体积光参数区卷展栏中，白色雾和蓝色衰减是默认的设置，但它并非总是最合适的设置。要明确一点即体积光颜色是可以改变的，而体积光的强度又可改变物体的原始颜色，应该把体积光的颜色看成是整体光设计的一个有机组成部分。

（12）按 F9 键进行快速渲染，查看效果图如图 9-46 所示，可以看到场景中已经出现了阳光洒下的效果。

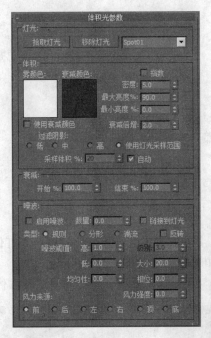

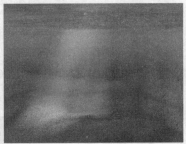

图 9-44　设置聚光灯参数　　　图 9-45　设置"体积光"参数　　　图 9-46　加上体积光后的
　　　　　　　　　　　　　　　　　　　　　　　　　　　　　　　　　　　　　渲染效果图

9.5　习题练习

9.5.1　填空题

（1）标准雾系统默认是_____色，可以改变雾的颜色，也可以使用一个材质作为雾的颜色，以便产生各种彩色和带纹理的雾。

（2）体积雾是真正三维的雾化效果，可创建随时空变化的雾。在默认情况下，体积雾的填充范围是_____。

（3）雾的"环境不透明度贴图"按钮通过不透明度控制雾的_____变化，模拟自然界的真实雾效果。

（4）分层雾环境能够定义一个固定在某一位置的浮动雾板，该雾板与摄影机的位置_____，总是_____顶视图。

（5）在燃烧特效中，"火焰类型"用于设置火焰的方向和一般形状，其中"火舌"可产生沿火焰中心发展如卷发状的火焰，"火球"可产生_____形喷射火焰。

（6）火焰细节微调框用于控制颜色的改变量和在火焰内看到的边缘锐度。若值较_____，则产生光滑的、模糊的火焰，且绘制速度较快。

（7）运用环境设置对话框的火焰效果时，要结合_____对象使用，这是一个物理对象。

（8）体积光颜色是_____改变的。

9.5.2 选择题

（1）分层雾环境能够定义一个固定在某一位置的浮动雾板，总是平行于下面哪个视图？

（　　）

    A. 顶视图　　　　　　　B. 左视图
    C. 前视图　　　　　　　D. 透视图

（2）下面各项参数中，哪一项决定燃烧的亮度？（　　）

    A. 火焰大小　　　　　　B. 火焰细节
    C. 密度　　　　　　　　D. 采样数

9.5.3 上机练习

（1）制作一个大气雾效，并在其中设置一盏灯，实现泛光灯体积光，如图 9-47 所示（提示：可使用材质与贴图的知识以增强效果）。

（2）制作一个香烟效果，如图 9-48 所示（提示：创建长方体，使用体积雾）。

图 9-47　练习题（1）

图 9-48　练习题（2）

（3）制作一个片头场景，如图 9-49 所示（提示：创建文本对象进行编辑，使用体积光和体积雾）。

图 9-49　练习题（3）

第10章 动画制作

本章要点

- 创建关键帧动画。
- 时间编辑器。
- 轨迹视图的应用。
- 正向运动与反向运动。
- 运动控制器。

本章导读

- **基础内容**：本章介绍动画制作的基本方法、轨迹视图使用、多种运动控制器，以及正向运动和反向运动。
- **重点掌握**：熟练掌握关键帧设置动画的方法，配合轨迹视图可以实现和完成完整动画的设置，如功能曲线等。
- **一般了解**：本章介绍了多种运动控制器的使用，通过这些控制器可以得到各种动画效果。

课堂讲解

　　动画的制作与处理可以说是 3ds max 的精髓所在，有了动画 3D 的世界才显得更加完美，它可以记录物体的移动路线或指定物体的运动轨迹使视图中的物体产生相应的运动效果。3ds max 2010 在动画制作和处理方面操作起来非常简单方便，只要有关键帧，系统就可以按关键帧自动生成动画。

　　本章将向读者介绍 3ds max 2010 动画制作的基本方法、轨迹视图使用、多种运动控制器，以及正向运动和反向运动。通过实例使读者掌握动画制作的实用技术，为读者打开通向动画制作的大门。

10.1 关键帧动画

3ds max 中生成的动画分为关键帧动画和运动路径动画。关键帧动画是指使用动画记录器记录下动画的各个关键帧，在关键帧之间自动插补计算，得到关键帧之间的动画帧，从而形成完整的动画。运动路径动画是在轨迹视图窗口中指定运动曲线，由软件生成动画。

在 3ds max 2010 的动画制作过程中，关键帧的设置是一个十分重要的步骤，可以说制作好了关键帧，也就初步完成了动画场景的草稿。

对一个动画场景来说，并不是所有的动画帧都是重要的，而是利用有限的几个动画帧进行控制，这些动画帧就是关键帧。关键帧对一个动画场景非常重要的，在使用的手工绘制动画的传统的动画制作时代，动画设计师只要绘制出关键帧即可，其余的动画由其他的动画绘制人员来完成。而在 3ds max 2010 中，动画制作者也只要制作出这些关键帧，3ds max 2010 系统就会自动插值计算出这些关键帧之间的动画帧，从而大大减轻了动画制作人员的工作量，提高了工作效率。

10.1.1 帧的概念

组成动画的每一幅完整的图像称为一帧。动画是由一帧帧连续变化的图像所组成，一般说来，动画的播放速度在 15 帧/秒以上就给人以连续的感觉，当播放速度在 24 帧/秒以上时，就可以产生连续不断的运动效果。

在实际的动画中，动画速度的设计取决于记录动画的媒介，一般的卡通片为 15 帧/秒，而电影的速度标准为 24 帧/秒，欧洲的 PAL 制式电视的视频标准为 25 帧/秒，而美国采用的 NTSC 制式电视的视频标准为 30 帧/秒。

10.1.2 关键帧的概念

关键帧是计算机动画特有的一个概念，一个实际的计算机动画是由很多帧组成，而利用计算机制作动画时，并不需要所有的帧。实际上，只需设计拐点处的图像，这些被设计的画面即是动画的关键帧，两个关键帧之间的帧被称为中间帧。

计算机动画设计就是在对关键帧画面进行人为干预的情况下进行的，当确定好关键帧后，两个关键帧之间的画面，即中间帧由计算机经过计算自动生成。

关键帧的设置既不能太少，也不能太多，设置太少会使动画失真，设置太多又会增加计算机的处理时间和其他方面的开销。利用关键帧生成动画的方法称为关键帧方法。

10.1.3 关键帧动画的设置

三维动画一般分为关键帧动画和算法动画。所谓的关键帧是动作极限位置、特征表达或重要内容的动画，它描述了物体的位置、旋转角度、比例缩放、变形隐藏等信息。在关键帧之间，计算机自动进行插值计算，得到若干中间帧。

※ 实例 10-1　纷飞的图片

使用编辑过的面片来作为画片的载体，画片从屏幕外依次飞入，而且方向和形式各不相同，创建平面来作为画片的载体，在各关键帧下设置各平面的位置，系统会自动根据关键帧生成连贯的动画，如图 10-1 所示。

　　具体操作步骤如下。

　　（1）单击前视图将其设为当前视图。进入"创建"面板，单击"平面"按钮，创建一个平面，如图 10-2 所示。进入"修改"面板，参照图 10-3 所示设置平面的参数。

　　（2）进入"创建"面板，单击"平面"按钮，创建另外两个平面。

图 10-1　动画截图

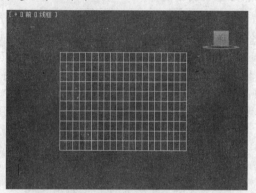

图 10-2　创建平面

图 10-3　设置平面参数

　　（3）按 M 键调出材质编辑器，单击第一个样本球，在"明暗器基本参数"卷展栏中的下拉列表框中将着色器选择为"（B）Blinn"。展开"Blinn 基本参数"卷展栏，将"高光级别"的数值设为 30，"光泽度"的数值设为 30，注意勾选"自发光"下的复选框，其他参数设置如图 10-4 所示。

　　（4）展开"贴图"卷展栏，单击"漫反射"右侧的"None"按钮，在弹出的对话框中选择"位图"选项，选择合适的图片用做贴图。单击 按钮返回上层材质，把"漫反射"通道的材质拖动到"自发光"上释放，在弹出的对话框中选择"复制"方式进行复制，单击 按钮返回上层材质，将"自发光"通道的强度值设为 30。在视图中选择平面，单击 按钮将材质指定给对象，使用相同方法为其余两个平面设置参数。

　　（5）为背景添加一张合适的贴图，切换至透视图，按 F9 键进行快速渲染，得到的效果，如图 10-5 所示。

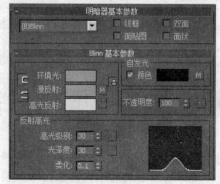

图 10-4　平面材质参数

图 10-5　模型渲染效果图

（6）单击并拖动时间滑块到左边 0 的位置，单击"自动关键点"按钮，当前激活的视图边框和进度条会变成暗红色，如图 10-6 所示。

图 10-6 进入"自动关键点"的编辑状态

提示 当启用了"自动关键点"按钮后，任何一种形状或参数的改变，都会产生一个关键帧，用来定义该对象在特定帧中的位置和视觉效果。一些复杂的动画仅仅用少数几个关键帧就能完成。

（7）单击 ✛ 按钮把各个画片移动到各自合适的位置，均在背景平面的范围之外，如图 10-7 所示。单击并拖动时间滑块到 20 帧的位置，单击 ✛ 按钮使用移动工具把画片往下拖动，移动到图 10-8 所示的位置，将时间滑块拖动到第 23 帧位置，使用移动工具将画片向上移动 5 个单位，将时间滑块拖动到第 27 帧位置，使用移动工具将其向下移动约 10 个单位，再将时间滑块拖动到第 30 帧位置，使用移动工具将其向上移动约 5 个单位，这样可以做出一个震荡的效果。

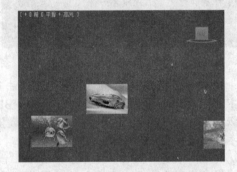

图 10-7 第 0 帧时各画片位置图　　　　　图 10-8 第 20 帧时各画片位置图

提示 在创建了第一个关键帧后，3ds max 2010 可以自动回溯生成第 0 帧时的关键帧，用来记录对象的初始位置或者参数。通过移动时间滑块，可以在任意帧中设置关键点，关键点设置好以后，3ds max 2010 会自动在这两个关键点之间插入对象运动的所有位置以及变化。

（8）观察动画区，可以看到这时在时间区各个时间点相应的位置有了红色的关键帧标志，如图 10-9 所示。

图 10-9 关键帧的位置和显示

（9）将时间滑块拖动到第 40 帧位置，在视图中单击上面较大的那个画片组，使用移动工具将其向左移动，如图 10-10 所示。仿照上面的过程在短暂的时间内向左向右移动少许，做出震荡的效果。

（10）　将时间滑块拖动到第 50 帧，稍微移动一下最下边的画片，将时间滑块拖动到第 90 帧，使用移动工具将画片移动到背景平面范围之内，如图 10-11 所示。单击工具栏中的 ⟳ 按钮，在按钮上单击鼠标右键，将"偏移"："屏幕"下的 Y 轴参数设为 1440，这样画片将在行进的同时旋转 1440°。

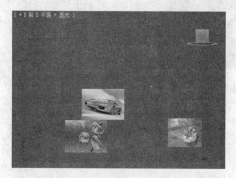

图 10-10　第 40 帧时的画片位置

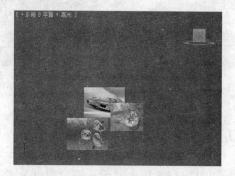

图 10-11　第 90 帧时的画片位置

（11）　最后来输出动画。在工具栏中单击 ⬛ 按钮，打开"渲染设置"对话框。参照图 10-12 所示设置参数，选择"时间输出"区域的"活动时间段"单选按钮。

（12）　单击"渲染输出"区域的"文件"按钮，在弹出的对话框中输入文件名并选择路径，单击"保存"按钮。在出现的视频压缩对话框中选择一种视频压缩程序，如图 10-13 所示。单击"确定"按钮，返回到"渲染设置"对话框。

图 10-12　"渲染设置"对话框

图 10-13　选择视频压缩程序

（13）　单击"渲染"按钮，渲染动画，可以看到图片从远处逐步飞到指定的位置，其动画截图如图 10-14 所示。

图 10-14　动画截图效果

10.2　时间编辑器的设定

"时间配置"主要用于设定时间，并以此来对动画进行播放控制，通过这些控制和设定，可以使得播放动画的速度、连贯度等得到相应的调节。单击窗口下面的 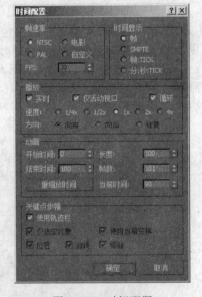 按钮，得到如图 10-15 所示的对话框。

时间配置主要包括帧速率，时间显示，播放，动画和关键点步幅设置，下面分别进行介绍。

（1）帧速率

帧速率的设定可以有 4 种形式："NTSC"、"电影"、"PAL"和"自定义"。系统默认为 NTSC 设定。帧速率设定越大，在渲染输出的时候，可以渲染更多的帧，使得动画的连贯度得到加强。

- "NTSC"：被称做 N 制式，是美国电视系统委员会的一种播放制式，速度是 30 帧/秒。
- "电影"：是一种电影制式，速度是 24 帧/秒。
- "PAL"：被称做 PAL 制式，是一种逐行倒相制式，速度是 25 帧/秒。

图 10-15　时间配置

- "自定义"：指用户自定义制式，用户可以根据自己的需要设定特定帧速率，范围为 1~4800。

（2）时间显示

时间显示的方式也有 4 种："帧"方式以帧数代表时间进行显示。"SMPTE"、"帧：TICK"和"分：秒：TICK"是 3 种动画移动点比较多的时间显示方式，移动点越多，就越有利于做出更精细的动画轨迹。

（3）动画

在选中某个时间显示方式的时候，下面的"动画"选项组内有相应的值设定。例如，当选择"SMPTE"方式的时候，这时"动画"选项组显示如图 10-29 所示。

这里有一点值得注意，直接更改图中的参数常常会造成一些意想不到的结果。例如，如果想把动画播放的时间加长，直接将"结束时间"改为 0:6:20，之后单击 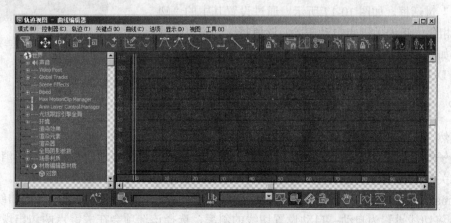 按钮播放动画，会发现在后半个时间范围内动画实际上已经完成了，造成了不想要的结果。正确的方法是，打开"重缩放时间"对话框，将"结束时间"改为 0:6:20，单击"确定"按钮，再播放动画，就会发现动画的播放时间增加了一倍，而不会出现后半段没有动画的结果。

这时如果再次打开时间编辑器，在时间显示上选择"帧"方式，会发现帧数也变为原来的两倍。

（4）播放

"实时"对动画进行实时控制，速度一般不会很快，当"实时"被选择后，"速度"就会处于打开状态，速度随数字的增大而变大。"仅活动视口"被选择时，动画的播放只会在当前视图中得到响应，其他三个视图中的物体会原地不动。"循环"复选框被选中时，动画将循环播放。当"实时"复选框被清除时，"方向"就可以进行设定，它是用于进行动画播放方向控制的，"向前"表示向前播放，"向后"表示倒放，"循环"表示动画会像弹跳的乒乓球一样来回播放。

（5）关键点步幅

3ds max 2010 默认的是"使用轨迹栏"选项，这时其他的选项都不可变，拖动时间滑块，就可以设定关键帧的位置。当清除了"使用轨迹栏"复选框后，就可以选用"仅选定对象"和"使用当前变换"复选项，后者对应于最下面一行的三个复选项，分别是"位置"、"旋转"和"大小"。一般情况下，这三个复选框都被选中，允许各种设定关键帧的形式，从而可以得到平直移动、旋转、伸缩等动画效果。

10.3　轨迹视图的应用

轨迹视图是三维动画创作的重要工作窗口，对关键帧及动作的调节，大部分时间在这里进行。在轨迹视图中不仅可以编辑动画，还能直接创建物体的动作，动画的发生时间、持续时间、运动状态都可以方便快捷地进行调节。

选择"图表编辑器"|"轨迹视图-曲线编辑器"选项，打开"曲线编辑器"窗口，如图 10-16 所示。

图 10-16　"曲线编辑器"窗口

"曲线编辑器"的工具按照作用可以分为 3 类：关键点编辑工具、关键点切线工具和曲线编辑工具。

10.3.1　关键点编辑工具

关键点定义了一个动画中的主要功能，3ds max 2010 在关键点之间插入所有的位置和值以便创建动画序列，使用关键点编辑工具可以非常精确地编辑这些动画关键点。

（1）过滤器：过滤器允许对项目窗口中的列表类型和编辑窗口中的函数曲线进行过滤或限制显示。单击鼠标左键可以打开 Filter 对话框，也可以直接单击鼠标右键，在弹出的快捷菜单中进行过滤选择。

（2）移动关键点：在轨迹视图中移动选择关键点，单击该工具按钮将弹出下面的两个移动工具按钮。

- 水平移动关键点：在时间轴水平方向移动选择关键点。
- 垂直移动关键点：在垂直方向改变关键点的值。

（3）滑动关键点：选择关键点向左移动时，会将它左侧的所有关键点一起向左推动，相互之间的距离不变；当向右移动时，会将所选关键点右侧的所有关键点一同向右推动。

（4）缩放关键点：以当前所在的帧为中心点，将所有选择的关键点进行相互之间的距离缩放。如果它们在当前帧的两侧，会向当前帧靠拢；如果在一侧，向当前帧移动时进行缩小变化，远离当前帧时进行放大变化。

（5）缩放值：在数值方向上压缩关键帧，仅仅改变关键帧的值而各个关键帧不改变帧数。

（6）增加关键点：单击该按钮，在轨迹视图编辑窗口中单击鼠标左键，可以在指定位置加入一个新的关键点。借此功能，可以完全在轨迹视图中创建动画。

（7）绘制曲线：这是 3ds max 2010 的新功能，它通过鼠标的移动绘制一条动画控制曲线，通常这样得到的曲线要用"增加关键点"和"减少关键点"来编辑。

图 10-17　"减少关键点"对话框

（8）减少关键点：单击该按钮，将打开"减少关键点"对话框，如图 10-17 所示。通过设置其中的"阈值"将相隔太近的关键点自动删除，该值越大，作用范围越大。如要删除某个具体的关键点，可以选择该关键点，然后按 Del 键删除。

10.3.2　关键点切线工具

虽然 3ds max 2010 会自动在关键点之间插入值来生成动画序列，但这还不够。一个典型的例子就是用户创建一个物体从有到完全消失的动画，是慢慢地消失还是突然消失，这仅仅靠关键点很难达到要求，因为这两种动画方式的前后的两个关键点完全相同。幸运的是 3ds max 2010 也为用户准备了一些控制曲线形状的方法，就是控制关键点处的曲线切线。

将切线设置为自动：自动设置切线的斜率，选择该选项会在关键点两边出现两个控制柄，通过移动控制柄设置曲线的切线斜率。

将切线设置为自定义：自定义切线的斜率，通过调节控制柄来调节曲线斜率。

将切线设置为快速：接近关键点时变化加速。

将切线设置为慢速：接近关键点时变化减速。

将切线设置为阶跃：在关键点之间产生不连续的动画，通常用于突发事件。

将切线设置为线性：在关键点之间产生匀速运动的动画。

将切线设置为平滑：在关键点之间产生直线的、平滑的运动。

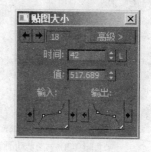

除了使用上面的工具按钮来设置曲线切线之外，还可以在选定的关键点上单击右键弹出关键点的信息，如图 10-18 所示。其中"输入"和"输出"分别可以设置曲线的切线方式。

图 10-18　设置关键点的切线方式

10.3.3　曲线编辑工具

锁定当前选择：将当前选择的关键点或函数曲线上的调节点锁定，这时无论鼠标点在哪里，都只能对选择项进行操作，使用特点与屏幕底部中央的锁定选择设置按钮意义相同。

捕捉帧：在进行关键点和时间范围条件的调节时，强制它们与最靠近的帧对齐。

参数曲线超出范围类型：设置物体在已确定的关键点之外的运动情况，常用于循环和周期性动画的制作。用鼠标左键单击此按钮，打开"参数曲线超出范围类型"对话框，如图 10-19 所示。其中共有 6 种类型，4 种用于循环动画，两种用于线性动画。

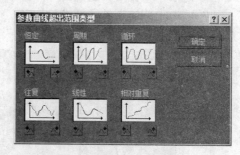

显示可设置关键点的图标：单击该按钮，在项目窗口中有红色钥匙标记，表示可以设置关键帧动画，灰色标记表示不能设置关键帧动画。通过单击该标记图标可以在两种标记之间切换。

图 10-19　"参数曲线超出范围类型"对话框

显示所有切线：显示或隐藏所有关键点的切线和控制柄。

显示切线：显示或隐藏选中关键点的切线和控制柄。

锁定切线：单击该按钮可以同意变换所有的切线控制柄，如果没有单击该按钮则只能变换一个切线控制柄。

※ 实例 10-2　下跳动的烛光

使用轨迹视图对火焰参数中的"密度"、"倍增"等参数创建轨迹曲线，使其发生变化，得到动画效果，如图 10-20 所示。

具体操作步骤如下。

（1）选择"文件"|"打开"命令，打开烛光模型，如图 10-21 所示。

图 10-20 烛光动画截图

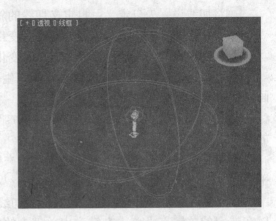

图 10-21 打开烛光场景模型

 模拟跳动的烛光是一件比较繁琐的事情，需要对火焰的半径大小，火焰本身的亮度、近处光照强度、远景光照强度，以及体积光的强度依次做调节。

（2）单击工具栏中的 ▦ 按钮，在弹出的"轨迹视图"对话框中，单击"对象"下方的球体 Gizmo02 左边的 + 号展开，在展开的层级树中单击对象左边的 + 号将其展开，选择"半径"选项，单击"轨迹视图"对话框工具栏中的 ▩ 按钮，添加关键点。

（3）选中关键点用鼠标进行拖动，得到的曲线如图 10-22 所示，这样火焰的大小将会按照绘制的曲线随时间不断发生变化。

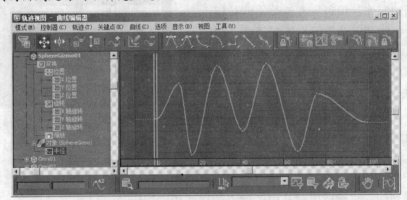

图 10-22 火焰的半径参数轨迹曲线

 轨迹视图相对于直接设置关键帧的方法来说，可控制性强，容易制作出比较复杂的高级动画。要想解决设置关键帧的不足，就要使用 3ds max 2010 提供的这个更专业的工具——轨迹视图。轨迹视图是用于观察一个场景和动画的数据的视图。使用轨迹视图可以精确地控制场景中的每一部分，包括音乐等。

（4）单击"环境"左边的 + 号展开，单击"火效果"左边的 + 号将其展开，选择"密度"选项。单击"轨迹视图"对话框工具栏中的 ▩ 按钮，添加 8 个关键点，然后选中关键

点用鼠标进行拖动，得到的曲线如图 10-23 所示，这样火焰本身的亮度将会按照绘制的曲线随时间不断发生变化。

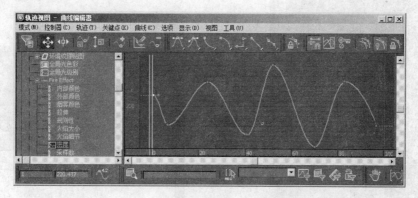

图 10-23 火焰的"密度"参数轨迹曲线

（5）在"轨迹视图"中单击"材质编辑器材质"左边的＋号展开，单击整体泛光灯左边的＋号展开，单击对象（Omni）左边的＋号展开，选择"倍增"选项。单击"轨迹视图"对话框工具栏中的 按钮，添加关键点，然后选中关键点用鼠标进行拖动，得到的曲线如图 10-24 所示，这样照亮整个场景的反光灯强度将会按照绘制的曲线随时间不断发生变化。

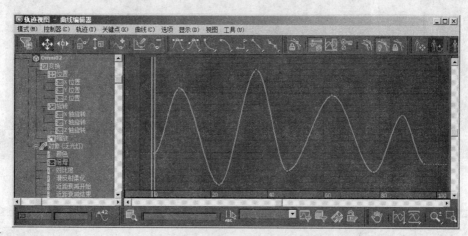

图 10-24 整体灯光的"倍增"参数轨迹曲线

（6）在"轨迹视图"中选择烛芯处应用体积光的泛光灯，选择倍增项。选择"控制器"菜单栏中的"指定"命令，这时会弹出"指定浮点控制器"对话框，双击其中的"噪波浮点"项，如图 10-25 所示。在弹出的"噪波控制器"对话框中，参照图 10-26 所示设定参数，得到的"噪波"曲线如图 10-27 所示。

（7）单击"环境"左边的＋号展开，单击"体积光"左边的＋号将其展开，选择"密度"选项。单击"轨迹视图"对话框工具栏中的 按钮，添加关键点，然后选中关键点用鼠标进行拖动，得到的曲线如图 10-28 所示，这样跳动的烛光的动画就基本完成了。

图 10-25 "指定浮点控制器"对话框

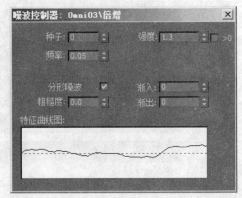

图 10-26 设置"噪波控制器"对话框的参数

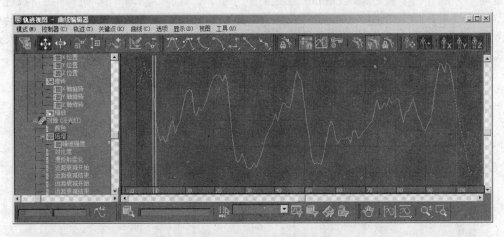

图 10-27 局部灯光的"倍增"参数轨迹曲线

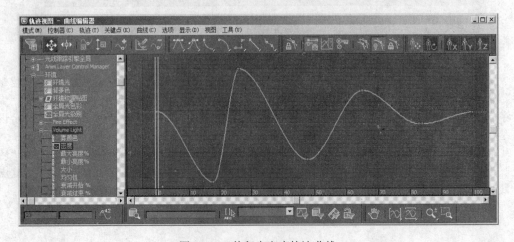

图 10-28 体积光密度轨迹曲线

（8）按"F10"键，打开"渲染设置"对话框。选择"时间输出"为"活动时间段"，在"渲染输出"栏中单击"文件"按钮，设置输出格式为 AVI，设置保存路径和名称。

（9）返回"渲染设置"对话框，设置渲染窗口为透视窗，单击"渲染"按钮，对透视图进行渲染生成动画，效果截图如图 10-29 所示。

图 10-29　动画截图

10.4　正向运动与反向运动

在自然界中，孤立的物体是很少见的，更多的是复杂的组合物体。所谓的组合物体是指用层次树把几个物体联系起来，使这几个物体相互影响。

把物体的层次结构比做树是很恰当的。它由树干、树枝和树叶组成，把对象按层次一级一级排列起来，在一个树干下，可以有一个或多个树枝，在一树枝下有若干树枝或树叶。但任何树枝、树叶向上只能从属于一个枝干。因此，层次树和 Windows 的文件目录结构很相似，只不过 Windows 结构允许同名对象的存在，而层次树不允许罢了。

物体的层级是指物体链接在一起的一种组合，之所以为这些物体指定层级关系主要是为了制作动画。在两个层级链接的物体中，一个物体是父对象，另一个物体是子物体。运动的层级关系实际上就是不同物体之间运动的连带和继承关系。这种层级关系就好像文件的目录树状结构分支一样，它也有自己的结构分支。不同的关联物体，它们的运动层级的等级可能不同，有的层级较高，有的层级较低，最高层级物体的运动，将会影响其下所有层级的运动。

进行层级链接的步骤如下：首先选中最低层次的子物体的对象，按下空格键锁定选择。单击工具栏上的 Select and Link 按钮，然后将子物体拖动到作为父对象的对象上，看到光标闪动一下就表示已经链接成功，使用相同的方法将各个子物体层层链接。

各个对象经过层级链接形成层次树，在动画中一般用来作为构成联动的基础。3ds max 2010 中的层级链接是一种家族式的树状结构，在两个相互链接的物体中，一个是父对象，另一个是子物体。其中一个单独的父对象可以有多个子物体与之相连，但是每个子物体只能有一个父对象。父对象拥有对子物体的调动和支配权（这表现在正向运动中），当然也有子物体影响父对象的情况发生（这表现在反向运动中，将在后面介绍）。

根据影响方式的不同，物体在 3ds max 2010 中的链接方式有两种：一种是"正向运动"，即父对象的运动影响到子物体的运动；另一种是"反向运动"，即子物体的运动影响到父对象的运动。

一旦两个物体链接起来，上一级的叫做父对象，下一级的叫做子物体。一个父对象可以有多个子物体。物体的链接方式有两种：一种是正向运动，即父对象的运动影响子物体；一种是反向运动，即子物体的运动影响父对象。

10.4.1　正向运动

当移动父对象时，子物体就跟随父对象运动，这种运动关系就是正向运动。父对象和子物体只是一个相对的概念，除了最顶级的父对象和最底层的子物体外，其他物体既是它们上层物体的子物体，又是它们下层物体的父对象。在正向运动中，当父对象移动时，子物体一定跟随；但是子物体移动时，父对象不会受到任何影响。

※ 实例 10-3 地球仪

本实例将制作地球仪不断旋转的动画，主要使用正向运动来控制运动。首先创建地球仪模型，设置好相互之间的父子层级关系，以及各部分的轴心，使用关键帧制作动画，如图 10-30 所示。

具体操作步骤如下。

（1）选择"文件"|"打开"命令，打开教学软件中的地球仪模型，如图 10-31 所示。

 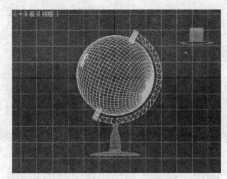

图 10-30 动画效果截图　　　　　　　　　　图 10-31 打开已有模型

（2）选中球体造型，单击工具栏上的 按钮，将球体拖动到圆环造型上，使球体链接到圆环造型上，成为圆环的子物体。

（3）选中支架造型，单击工具栏上的"选择并链接"按钮，拖动支架造型到支座造型上，从而将支架造型链接到支座造型上，成为它的子物体。

（4）选择"图表编辑器"|"新建图解视图"命令，打开图解视图窗口，查看场景中的层级关系，如图 10-32 中所示。

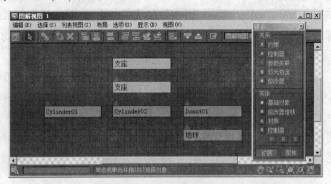

图 10-32 各对象的层级关系

上面的过程中设置了各物体的轴心和相对层级关系，设定了子物体和父对象。需要注意的是，父对象和子物体只是一个相对的概念，除了最顶级的父对象和最底层的子物体外，其他物体既是它们上层物体的子物体，又是它们下层物体的父对象。

（5）　单击动画控制区的"时间配置"按钮，在"时间配置"对话框中设置动画长度为 150 帧。

（6）　在前视图中选中地球造型，在工具栏"视图"菜单中选择"局部"选项，设置坐标系为球体的本地坐标系，锁定 Z 轴。单击"自动关键点"按钮，拖动时间滑块到 150，在前视图中拖动鼠标，将地球造型绕着其自身的 Z 轴顺时针旋转 180°，关闭"自动关键点"按钮。

（7）　在顶视图中选中支架对象，在工具栏上坐标设置菜单中选择"视图"选项。单击"选择并旋转"按钮，锁定 Z 轴。拖动时间滑块到 0，单击"自动关键点"按钮，拖动时间滑块到 150，在顶视图中将支架造型绕着 Z 轴旋转 90°，如图 10-33 和图 10-34 所示。

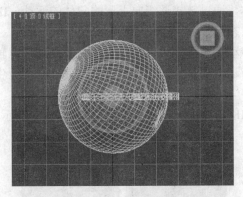
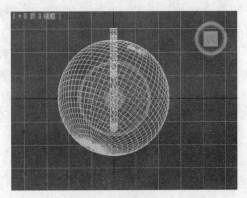

图 10-33　第 0 帧　　　　　　　　　　　　　图 10-34　第 150 帧

（8）关闭动画记录按钮，结束动画记录状态。这时单击动画播放按钮，可以看到地球造型一边绕着自身的地轴旋转一边随着支架的转动而转动。

（9）　按"F10"键，打开"渲染设置"对话框。选择"时间输出"为"活动时间段"，在"渲染输出"栏中单击"文件"按钮，设置输出格式为 AVI，设置保存路径和名称。

（10）　返回"渲染设置"对话框，设置渲染窗口为透视窗，单击"渲染"按钮对透视图进行渲染生成动画。动画第 5 帧渲染效果如图 10-35 所示，动画第 77 帧渲染效果如图 10-36 所示。

图 10-35　动画第 5 帧　　　　　　　　　　　图 10-36　动画第 77 帧

10.4.2　反向运动

正向运动链接只起单向作用。对象从父级链接到子级，应用给父对象的运动效果传递给了子对象，但应用给子对象的运动效果却不传递给父对象。这种运动方式处理主动和从动关系很灵活，但是在处理另外一些运动时却存在很大的不足。例如，去拿桌上的一个物体，最终的目的是让手能够拿到物体，但是如果从正向运动开始推导的话，可就不那么容易了。要从躯干开始运动，然后才是上臂，最后把手定位在物体上，这实在是一个复杂而繁琐的过程。如果能够做到只要把手放在物体上，身体的其他部分会相应地跟随动作就好了，这种子物体带动父物体的运动叫做"反向运动学"运动，简称 IK。在 3ds max 2010 中，提供了一整套完备的三维反向运动系统，借助这一系统，只要移动物体层次树中的一个物体，就可以使整个层次树运动起来。

反向链接运动不是链接父体，而是变换子体，通过链接逐级向上影响父体的运动。IK动画的一个明显的优点是可以定义节点的工作状态。

系统提供了两种关节即"滑动关节"和"转动关节"。可以给定义的关节添加任意轴向、角度或距离的限制，并且可以通过设置关节运动的优先顺序，以及阻尼使动画变得生动。

单击"层次"命令面板下的 IK 按钮，弹出 IK 命令面板，如图 10-37 和图 10-38 所示。

图 10-37　IK 命令面板

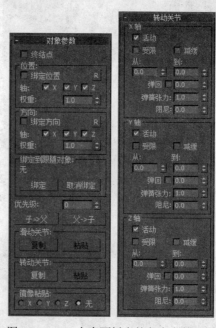

图 10-38　IK 命令面板上的各个参数面板

几个常用的卷展栏如下。

1.　反向运动学

"反向运动学"卷展栏用于分解链接在 IK 运动链上的各子体的运动。该卷展栏可以确定每个子体的关节的位置和转角，从而使整个对象动画正确运动，其中"交互式 IK"按钮用于将整个运动系统分解为各个子体的运动加以考察。

2.　对象参数

"对象参数"卷展栏用于定义角色动画运动链的各个子体，以及各自在运动链中的优先顺序、排序和关联等。其中"终结点"复选框用于通过选择对象来定义 IK 运动链的结束，从而确定运动链中结束对象上级的对象不受 IK 计算的影响。"绑定到跟踪对象"可选择是否将所选对象关联到其跟随对象上，从而使对象的 IK 运动链跟随对象一起运动。

3. 转动关节

"转动关节"卷展栏用于定义各个子体之间的链接关节为转动关节，并且可以定义打开 IK 时这些被定义的滑动关节如何动作。提供了如下的功能选项："活动"复选框用于定义所选对象是否沿某个坐标轴运动，勾选该复选框后"受限"和"减缓"复选框被激活。"受限"用于限制子体关节运动的范围；"减缓"复选框用于减慢对象趋近运动极限时的运动状态，以便对象的运动更加真实。

在使用反向运动时应当注意，在 IK 命令面板中有两个卷展栏都涉及到"关节"。在反向运动中有两种类型的关节，一种是旋转关节，另一种是位置关节。任何关节都可以旋转或移动，通过设定"层次"命令面板中反向运动的参数，来控制关节在局部坐标系的三个轴上的旋转角度和移动距离。

在 3ds max 2010 中把关节分为 3 种基本关节。

- "旋转关节"：对任何类型的关节都可用。总共有 3 个关节参数集，分别对应 X、Y、Z 三个旋转轴中的一个。
- "滑动关节"：对大多数"位置"控制器来说，"滑动关节"是默认的类型。总共有 3 个关节参数集，分别对应 X、Y、Z 三个轴位置移动中的一个。
- "路径关节"：选择的对象被赋予路径控制器后使用关节，只有一个参数约束集，控制沿路径的运动。

10.5　运动控制器

动画控制器实际上就是控制物体运动轨迹规律的事件，它决定动画参数如何在每一帧动画中形成规律，决定一个动画参数在每一帧的值，通常在轨迹视图或运动面板中指定。在默认状态下，控制器总是给新增加的关键点设置光滑的切线类型。

3ds max 2010 针对不同的项目使用不同的控制器，绝大部分控制器能够在轨迹视图中或运动命令面板中指定，内容及效果完全相同，只是面板形式不同而已，下面介绍一些主要的动画控制器。

10.5.1　变换控制器

变换控制器主要是对象产生变换操作，不是很常用。

- 链接约束控制器：用于对层次链中由一个物体向另一个物体链接转移的动画制作。指定作为链接对象的父物体后，可以对开始的时间进行控制。
- 位置/旋转/缩放控制器：变换控制器对话框中系统的默认设置，使用非常普遍，是大多数物体默认使用的控制器。
- 脚本控制器：通过脚本语言进行动画控制。

10.5.2　位置控制器

变换控制器主要是对象产生各种各样的位置变换,应用十分广泛,常用的位置控制器有。

- Bezier 位置控制器:它在两个关键点之间使用一个可调的样条曲线来控制动作插值,对大多数参数而言均可用,它允许以函数曲线方式控制曲线的形态,从而影响运动效果;还可以通过贝济埃控制器控制关键点两侧曲线衔接的圆滑程度。
- 表达式位置控制器:通过数学表达式来实现对动作的控制,可以控制物体的基本创建参数和变化。
- 线性位置控制器:在两个关键点之间平衡地进行动画插补计算并得到标准的直线性动画,常用于一些规则的动画效果。
- 噪波位置控制器:产生一个随机值,可在功能曲线上看到波峰及波谷。产生随机的动作变化,没有关键点的设置,而是使用一些参数来控制噪波曲线,从而影响动作。
- X Y Z 位置控制器:将位置控制项目分离为 X、Y、Z 三个独立的控制项目,可以单独为每一个控制项目指定控制器。
- 路径约束位置控制器:使物体沿一个样条曲线进行运动,通常在需要物体沿路径轨迹运动且不发生变形时使用。如果物体沿路径运动的同时还要产生变形,应使用 Path Deform 路径变形变动修改或空间扭曲。
- 曲面约束位置控制器:使一个物体沿另一个物体表面运动,但是对目标物体要求较多,目标物体要求必须是球体、圆锥、圆柱体、圆环等。

10.5.3　旋转控制器

旋转控制器将使对象产生各种各样的旋转操作,常用的旋转控制器有。

- Euler XYZ 旋转控制器:是一种合成控制器,通过它将旋转控制分离为 X、Y、Z 三个项目,然后可以对每个轴向指定其他的动画控制器,
- 线性旋转控制器:在两个关键点之间得到稳定的旋转动画,常用于一些规律性的动画旋转效果。
- 噪波旋转控制器:此控制器产生一个随机值,可在功能曲线上看到波峰及波谷,产生随机的旋转动作变化。
- 脚本旋转控制器:通过脚本语言进行旋转动画控制。
- 注视约束控制器:控制整个变动项目,强制物体朝向其他的物体。当被注视的物体变动时,注视控制器作用下的物体会不断改变自身的位置、角度,以保持注视状态。其下的位置和缩放控制器仍为标准控制器,而旋转控制器变为受控的滚动角度。

10.5.4　缩放控制器

缩放控制器将使对象产生缩放变换,常用的缩放控制器如下。

- Bezier 缩放控制器:允许通过函数曲线方式控制物体缩放曲线的形态,从而影响运动效果。

- 表达式缩放控制器：通过数学表达式来实现对动作的控制，可以控制物体的基本创建参数和对象运动。
- 线性缩放控制器：在两个关键点之间得到稳定的缩放动画，常用于一些规律性的动画效果。
- 噪波缩放控制器：此控制器产生一个随机值，可在功能曲线上看到波峰及波谷，产生随机的缩放动作变化。
- ＸＹＺ缩放控制器：将缩放控制项目分离为 X、Y、Z 三个独立的控制项目，可以单独为每一个控制项目指定控制器。

10.5.5　其他控制器类型

除了上述常用的运动控制器，还有一些其他类型的控制器，来产生特殊的效果。

反向解算器：随骨骼系统创建的同时，IK 控制器会自动指定给每一根骨骼，每个子控制器都受主 IK 控制器领导，主控制器在运动命令面板上。如果在运动命令面板上对每个选择的骨骼进行编辑，实际上是对整个 IK 系统进行编辑，IK 解算器主要工作于运动命令面板和 IK 层次命令面板 IK。

※ 实例 10-4　路径控制器-精灵飞舞

本实例将使用路径控制器来控制物体的运动，制作精灵动画的制作。首先创建"异面体"对象，绘制运动轨迹，添加运动控制器使其沿指定路径不断运动，如图 10-39 所示。

具体操作步骤如下。

（1）进入"创建"命令面板，在下拉列表框中选择"扩展基本体"选项，单击"异面体"按钮，在顶视图单击创建一个"异面体"物体。

（2）单击 按钮进入"修改"命令面板，在"参数"卷展栏下选择"星形 1"前的复选框，设置参数"半径"为 25.0，如图 10-40 所示。这样就得到了一个异面体对象—精灵，如图 10-41 所示。

图 10-39　精灵飞舞

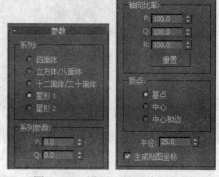

图 10-40　设置"异面体"参数

（3）进入"创建"|"图形"面板，单击"圆"按钮后在顶视图中创建一个圆。进入"修改"命令面板，在下拉列表框中选择"编辑样条线"修改器，单击 按钮进入顶点的次物体层级，使用移动工具编辑这个圆，最后得到的曲线路径如图 10-42 所示。

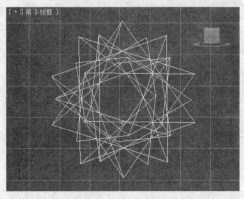

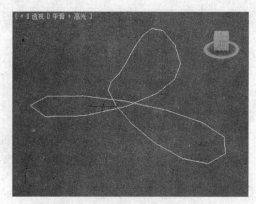

图 10-41　创建好的"异面体"对象　　　　　　　图 10-42　曲线路径

（4）制作的动画效果是小精灵随着指定路径不断运动。单击星形物体，选择"动画"|"约束"|"路径约束"命令。这时候鼠标会变成十字形，并带有一段虚线，选择曲线路径，将其作为运动路径，单击▶播放按钮可以在视图区内观察精灵的运动动画，如图 10-43 所示。

（5）单击◎按钮进入"运动"面板，先选择精灵，再打开"路径参数"卷展栏，在"路径选项"下选择"跟随"和"倾斜"前的复选框，设置参数"倾斜量"为 3.0、"平滑量"为 3.0，如图 10-44 所示。

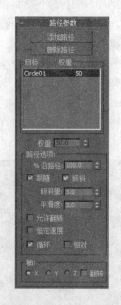

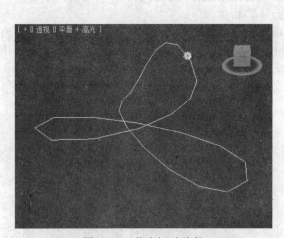

图 10-43　指定运动路径　　　　　　　　　　图 10-44　参数设置

（6）在"创建"命令面板中单击○按钮，进入"几何体""标准基本体"面板。在下拉列表框中选择"粒子系统"项，单击"喷射"按钮，创建一个粒子发射器。在"修改"命令面板中参照图 10-45 所示设置其参数，然后单击工具栏中的按钮，将粒子发射器和精灵链接在一起，这样粒子系统将跟随精灵一起运动。

（7）按"F10"键，打开"渲染设置"对话框。选择"时间输出"为"活动时间段"，在"渲染输出"栏中单击"文件"按钮，设置输出格式为 AVI，设置保存路径和名称。

（8）返回"渲染设置"对话框，设置渲染窗口为透视窗，单击"渲染"按钮对透视图进行渲染生成动画，动画渲染效果如图 10-46 所示。

图 10-45　设置粒子系统参数

图 10-46　动画截图

10.6　动手实践

本实例将制作一个书本翻页动画。首先创建书本模型，使用"体积选择"修改器动态选定书页中的对象，从而控制书页在不同的角度而变形的程度不同，如图 10-47 所示。

具体操作步骤如下。

（1）在"创建"|"图形"面板中单击"线"按钮，在前视图中创建一个如图 10-48 所示的封闭曲线，作为书本的截面。

图 10-47　最终的效果图

（2）选择书本轮廓线，选择"工具"|"镜像"命令，镜像复制出书本的另外一半轮廓线。然后在"创建"命令面板中单击"线"按钮，制作书本的封皮截面曲线，如图 10-49 所示。

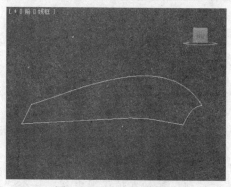

图 10-48　书本截面曲线

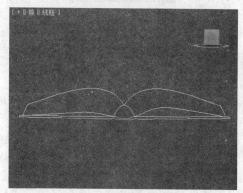

图 10-49　镜像后的书本

（3）选择书本模型，在修改器堆栈中选择"线段"次级模式，选择上表面的线段，在"几何体"卷展栏中"分离"按钮右侧勾选"复制"选项，然后单击"分离"按钮，在弹出的对话框中命名复制的线段，这个线段复制作为书页的截面，如图 10-50 所示。

（4）在"选择"卷展栏中再次单击"样条线"按钮，退出曲线次级对象模式。

（5）在视图中选择书本的轮廓曲线，在"修改器列表"下拉列表框中选择"挤出"项，在"参数"卷展栏中设置"数量"的值为-250，挤出的三维模型如图 10-51 所示。

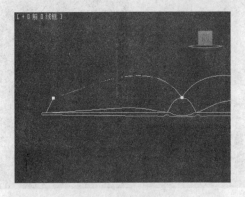 

图 10-50　制作书页的截面　　　　　　图 10-51　使用"挤出"挤出三维模型

（6）在视图中选择书本封面曲线，在"修改"命令面板的"修改器列表"下拉列表框中选择"倒角"修改器，在"倒角值"卷展栏中设置参数如图 10-52 所示。

（7）这样整个书的模型就完成了，激活透视图。按 F9 键观察视图模型，查看其效果，如有不合适的地方及时进行调整，如图 10-53 所示。

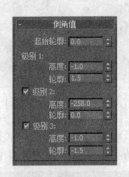 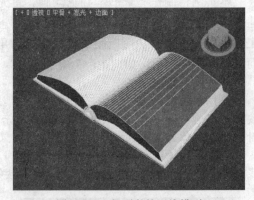

图 10-52　封面"倒角"工具参数设置　　　　图 10-53　得到书的三维模型

（8）在前视图中选中书页的截面复制，在"修改"命令面板的"修改器列表"下拉列表框中选择"编辑样条线"修改器。在"选择"卷展栏中单击███按钮，进入"顶点"次物体层级，使用移动工具对其顶点进行节，如图 10-54 所示。

（9）选择书页模型，然后使用主工具栏上的"镜像"复制工具复制出书页的另外一半，如图 10-55 所示。

（10）选择截面曲线，然后在"修改"命令面板中使用"挤出"修改器，在"参数"卷展栏中设定"数量"的值为-250，将曲线转化为三维的书页模型，如图 10-56 所示。

（11）通过上面的操作得到的图形显得过于呆板，而真实的书页会有一定的扭曲。在"创建"命令面板中单击"几何体"按钮，单击"球体"按钮在顶视图中创建一个"半径"为 56，"分段"的值为 8 的球体对象，然后移动它到书本对象的上方，如图 10-57 所示。

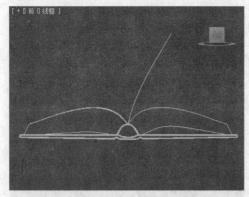

图 10-54 创建书页的曲线

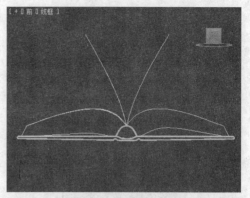

图 10-55 对称曲线

图 10-56 创建书页

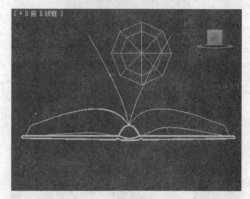

图 10-57 创建球体对象

（12）选择其中一个书页对象，进入"修改"命令面板。在下拉列表框中选择"体积选择"修改器，然后在"参数"卷展栏中的"堆栈选择层级"区域设定选定级别为"顶点"，在"选择方式"区域选择"体积"下的"网格对象"选项，设置如图 10-58 所示，单击"拾取对象"按钮在视图中选择球体对象。

（13）在"修改器列表"下拉列表框中选择"推力"修改器，在"参数"卷展栏中设定"推力值"的值设定为-20。

（14）在"修改器列表"下拉列表框选择"噪波"修改器，在"参数"卷展栏中设置参数如图 10-59 所示，这样书页的模型就完成了，如图 10-60 所示。

（15）下面将通过关键帧的设定来完成书页的翻动动画。在视图中选择书页曲线，在修改器堆栈中单击"编辑样条线"项，在"选择"卷展栏中单击"顶点"按钮进入"顶点"次物体层级，单击动画区的"自动关键点"按钮，进入关键帧编辑模式，第 0 帧时书页曲线的形状如图 10-61 所示。

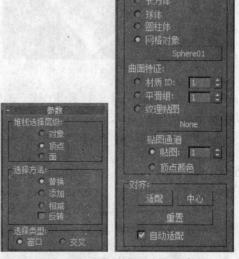

图 10-58 设置体积选择器参数

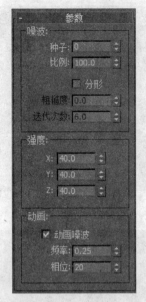

图 10-59　设置"噪波"参数

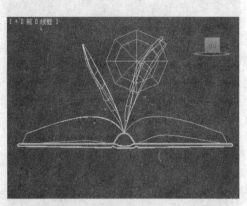

图 10-60　设置"噪波"后的书页

（16）拖动时间滑块到第 20 帧，使用移动工具调节曲线形状如图 10-62 所示。

图 10-61　第 0 帧

图 10-62　第 20 帧

（17）拖动时间滑块到第 40 帧，调节曲线形状如图 10-63 所示。

（18）拖动时间滑块到 60 帧，修改曲线形状如图 10-64 所示。然后拖动时间滑块到第 75 帧，将曲线修改到与右边书本相重合，如图 10-65 所示。

（19）打开轨迹视图，在左侧的项目列表中选择第一条曲线，展开其轨迹选项，选择"主"选项下的第四条轨迹，然后在轨迹视图菜单中选择"控制器"|"超出范围类型"命令，在弹出的对话框中选择重复类型为"循环"，此时系统自动重复前面的轨迹曲线，最后轨迹曲线如图 10-66 所示。

图 10-63　第 40 帧

图 10-64　第 60 帧

图 10-65　第 75 帧

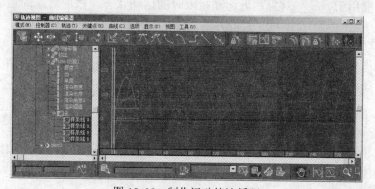

图 10-66　制作运动轨迹循环

（20）使用同样的方法制作其余两条曲线的动画循环。单击"播放动画"按钮播放动画，可以看到书页源源不断的从左侧翻转到右侧。

（21）按"F10"键，打开"渲染设置"对话框。选择"时间输出"为"活动时间段"，在"渲染输出"栏中单击"文件"按钮，设置输出格式为AVI，设置保存路径和名称。

（22）返回"渲染设置"对话框，设置渲染窗口为透视窗，单击"渲染"按钮对透视图进行渲染生成动画，动画渲染效果如图 10-67 所示。

图 10-67　动画截图

10.7　习题练习

10.7.1　填空题

（1）三维动画一般分为_____动画和_____动画。

（2）在实际动画中，动画速度的设计取决于记录动画的媒介，卡通片为_____帧/秒，而电影的速度标准为_____帧/秒，欧洲的 PAL 制式电视的视频标准为_____帧/秒，而美国采用的 NTSC 制式电视的视频标准为_____帧/秒。

（3） 轨迹视图的作用主要体现在：_____、_____、_____和_____。

（4） "曲线编辑器"的工具按照作用可以分为 3 类：_____、_____和_____

（5） 关键点编辑工具中，_____允许对项目窗口中的列表类型和编辑窗口中的函数曲线进行过滤或限制显示。

（6） 关键点切线工具中，将切线设置为慢速的作用是_____。

（7） 曲线编辑工具中，参数曲线超出范围类型中的周期表示将已确定的动画按____重复播放，如果动画的起始与结束不同，将产生_____。

（8） 大多数位置控制器的默认关节类型是_____。

（9） Bezier 控制器在两个关键点之间使用一个可调的样条曲线来控制动作插值，它允许以_____方式控制曲线的形态，从而影响运动效果。

（10） 反向运动的"转动关节"卷展栏中，"受限"用于限制子体关节运动的_____。"减缓"复选框用于_____对象趋近运动极限时的运动状态，以便对象的运动更加真实。

10.7.2　选择题

（1） 正向运动链接时，对象从父级链接到子级，应用给父对象的运动效果（　　）给了子物体，应用给子物体的运动效果（　　）给父对象。

  A. 传递、不传递   B. 不传递、传递

  C. 传递、传递   D. 不传递、不传递

（2） 在轨迹视图的轨迹终，选择将切线设置为自动，会在关键点两边出现两个控制柄，通过移动控制柄设置曲线的（　　）。

  A. 横坐标   B. 切线斜率

  C. 纵坐标   D. 割线斜率

10.7.3　上机练习

（1） 制作一个钻石旋转的动画，如图 10-68 所示（提示：使用旋转控制器）。

（2） 制作摆球不停摆动动画，如图 10-69 所示（提示：使用关键帧和旋转工具制作摆球在各关键帧的角度与位置，使用轨迹视图调节摆球旋转和移动的速度）。

图 10-68　练习题（1）   图 10-69　练习题（2）

第 11 章　粒子系统与空间扭曲

- 粒子系统的创建方法。
- 基本粒子系统。
- 高级粒子系统。
- 空间扭曲。
- 空间扭曲与粒子系统的配合。

- **基础内容**：各种粒子系统的创建和设置，以及空间系统的使用方法。
- **重点掌握**：常用的空间扭曲与粒子系统使用方法，以及如何将两者结合，得到需要的特殊效果。
- **一般了解**：粒子系统的参数比较复杂，特别是高级粒子系统，要把重点放在常用参数的设置上。

课 堂 讲 解

　　3ds max 2010 中的粒子系统是非常吸引人的一项功能，在模仿自然现象、物理现象及空间扭曲上具备得天独厚的优势。为了增加物理现象的真实性，粒子系统可以通过空间扭曲控制粒子的行为，结合空间扭曲能对粒子流造成引力、阻挡、风力等仿真效果。

　　3ds max 2010 中的基本粒子系统为"喷射"和"雪"，高级粒子系统包括"暴风雪"、"散度"、"粒子云"、"PF Source"（粒子流源）和"超级喷射"。高级粒子系统是以"喷射"和"雪"为基础的，实际上每一个粒子系统都有特殊的用途，都对发射源、粒子生成、类型、旋转、对象运动继承性提供参数控制。"空间扭曲"是 3ds max 2010 系统提供的一个外部插入工具，通过空间翘曲可以影响视图中移动的对象，以及对象周围的三维空间，最终影响对象在动画中的表现。

11.1 创建粒子系统

3ds max 2010 的魅力之一就是可以制作出许多特殊效果，利用该软件可以很容易地建立诸如下雨、刮风、爆炸、瀑布、流水等的效果，而这些都是通过粒子系统来实现的。

粒子系统是一种几何体，在"创建"面板的"几何体"类中，在编辑框中选择"粒子系统"选项，就会看到粒子系统的创建按钮。当用户创建一个粒子系统时，不仅要确定粒子从哪里创建，还要确定其初始方向。起始的位置称为发射源，它是通过一个平面和与该平面垂直且通过该平面中心的直线来定义的。平面的大小决定了发射源的大小，而直线代表了粒子发射的方向。

选择"几何体"命令面板下拉列表框中的"粒子系统"选项，就可以打开"粒子系统"命令面板，如图 11-1 所示。

选择粒子系统选项后，命令面板上就出现了粒子系统的各个创建按钮，单击创建按钮后可以直接创建粒子系统对象，如图 11-2 所示。

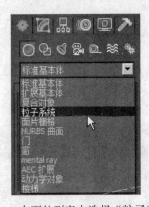

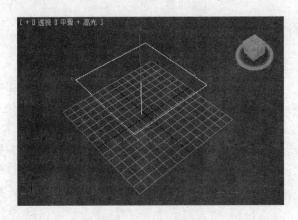

图 11-1　在下拉列表中选择"粒子系统"　　　　　图 11-2　创建粒子系统

发射源的喷射方向取决于在哪一个视图中创建粒子系统，也和使用的栅格对象有关。当使用主栅格作为一个创建平面时，发射源总被建立在与视图平行处，而这条规律在透视视图中则是个例外。在这种情况下，创建在主栅格上发射源的方向指向下。当使用一个栅格对象作为创建平面时，创建的结果是发射源总被建立在栅格所在的无限平面上，与所显示的平面无关；而发射源的方向取决于栅格对象自身的定向，但其方向总是在栅格的 Z 轴上。当使用栅格对象时，最好将对象建立在一个不与其栅格表面平行的视图中，否则，对象将被建在无限远处，这会使用户在视图中难以控制。

11.2 基本粒子系统

当单击任意一个粒子系统的按钮后，该粒子系统的参数区卷展栏便同时出现，"喷射"和"雪"是 3ds max 2010 中最基本的粒子系统，它们的参数面板基本相同。尽管高级粒子系统具有较高的速度和兼容性，功能也要强大一些，但"喷射"和"雪"这两个基本粒子系统仍有其自身的价值，在某些方面甚至还要超过高级粒子系统。它们与高级粒子系统有一些公共的参数，无论使用或不使用它们，都必须理解"喷射"与"雪"的基本特性。由于"喷射"和"雪"参数的设置是基本相同的，因此本节将主要以"喷射"的参数设置为主。

11.2.1　喷射粒子系统

喷射粒子系统可以用来制作下雨的场景，也经常用来制作喷泉、火花和礼花等特殊效果。"喷射"粒子系统的"参数"卷展栏，如图 11-3 所示。

下面介绍"喷射"粒子系统的各项参数。

（1）"粒子"选项组

图 11-3　"喷射"粒子系统参数

- "视口计数"：设置视图区中各个视窗中粒子的数目，系统初始值设为 100，可以根据效果需要进行设置，但数量越多，系统运行越慢。

- "渲染计数"：设置渲染效果图中显示的粒子数目，系统初始值设为 100，数目越多，渲染速度越慢。

- "水滴大小"：设置粒子的大小，主要是设置粒子的长度大小，系统初始值设为 2.0。

- "速度"：设置粒子下落的速度，系统初始值设为 10.0。

- "变化"：设置粒子下落的方式，系统初始值为 0.0。此时，粒子完全不受其他因素影响，垂直地降落；当该值非零时，粒子似乎受到风吹的影响，做一些横向的变动，倾斜地落向地面。

- "水滴"、"圆点"和"十字叉"单选按钮：决定了粒子的形状，其在尺寸上的变化由"水滴大小"决定。

（2）"渲染"选项组

"四面体"、"面"单选按钮：决定渲染时是以四面体方式还是面片状方式进行着色。

（3）"计时"选项组

- "开始"：指粒子从第几帧开始出现，系统的初始值为 0。

- "寿命"：指粒子从开始下落到消失经历多少帧动画，系统的初始值为 30。

- "恒定"：决定是否持续下落，勾选后可以使粒子在寿命结束后持续下落到动画结束。

（4）"发射器"选项组

该参数区各个参数决定粒子下落的范围，在场景中创建粒子时以白色矩形线框表示，其中"宽度"和"长度"是指定线框的宽度和长度。

11.2.2　雪粒子系统

雪粒子系统通常用来在场景中添加下雪的场景和产生气泡的特效，"雪"粒子系统的

"参数"卷展栏，如图 11-4 所示。

下面介绍"雪"粒子系统的常用参数。

（1） "粒子"选项组

- "雪花大小"：设置雪花的大小，系统初始值设为 2.0。该值可依据所需的效果而设定，大尺寸能用于创建真实的雪花粒子或五彩碎纸的效果。

- "变化"：控制雪花的飘落方式，系统初始值为 2.0。当该值为 0 时，产生一个均匀的粒子流，它会准确地沿着发射源方向向量所指的方向运动。

- "雪花"、"圆点"和"十字叉" 3 个单选按钮决定了雪花粒子的显示形状。

（2） "渲染"选项组

- "六角形"：选择该项后，系统创建从不同方向射出的平面六角形，六角形能够应用任何类型材质，六角形能够制作出最好的渲染效果。

- "三角形"：选择该项后，系统创建从不同方向射出的三角形平面，三角形的每条边仅能指定一种材质。

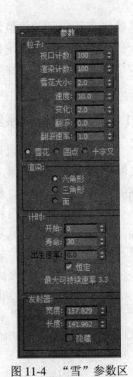

图 11-4　"雪"参数区

- "面"：选择该项后，系统创建总是朝向摄影机的正方形平面，即渲染面总保持与摄影机垂直。使用面渲染模式时，与特定材质相结合可产生其他粒子类型。

（3） "计时"选项组和"发射器"参数区的参数设置与喷射粒子系统基本相同。

※ 实例 11-1　制作雪景

通过雪粒子系统制作雪景，设置雪花的材质，并渲染动画，如图 11-5 所示。

具体操作步骤如下。

（1） 在"创建"面板的下拉列表框中选择"粒子系统"选项，单击"雪"按钮。然后在顶视图中从左上角位置单击鼠标左键，并向右下角拖动，松开左键确定，建立了粒子系统。如果拖动下方的时间滑块，就可以看到白色的粒子，如图 11-6 所示。

（2） 单击 按钮，进入"修改"面板，进入"参数"卷展栏，参照图 11-7 所示修改雪花的具体参数。

图 11-5　动画截图

（3） 在绘图区中绘制如图 11-8 所示白色渐变的圆形，作为贴图使用。

（4） 选中雪花粒子，打开材质编辑器，在"明暗器基本参数"卷展栏中将着色方式选择为"（P）Phong"。在"Phong 基本参数"卷展栏中选择"自发光"的"颜色"复选框，并将其色彩值设为红绿蓝（120，120，120），如图 11-9 所示。

（5） 展开"贴图"卷展栏，将"漫反射"和"不透明度"贴图通道均设为"位图"贴图，并且选择刚才创建的图片，完成后贴图卷展栏如图 11-10 所示。在视图中选择雪花，单击 按钮将材质赋给雪花。

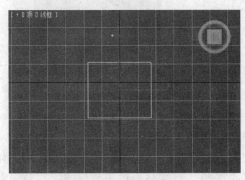

图 11-6　建立粒子系统

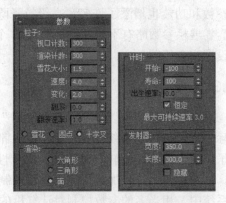

图 11-7　输入雪花参数

图 11-8　雪花材质贴图

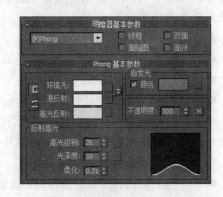

图 11-9　雪花材质基本参数

（6）单击 按钮，打开"渲染设置"对话框。设置好渲染的参数，将输出文件设为 AVI 文件，然后进行渲染，也可加上自己喜欢的背景图，得到的效果图如图 11-11 所示。

图 11-10　贴图参数

图 11-11　渲染后的动画截图

11.3　高级粒子系统

"PFSource"、"超级喷射"、"粒子阵列"、"暴风雪"和"粒子云"这 5 种粒子系统是高级粒子系统，它们的参数卷展栏比基本粒子系统多出了许多如图 11-12 所示，因而参数和功能也增添了许多。高级粒子除了"基本参数"卷展栏参数略有不同以外，其他 6 个参数栏的参数设置完全相同。

图 11-12　高级粒子参数设置卷展栏

11.3.1　参数设置

高级粒子系统是以"喷射"和"雪"为基础的，实际上每一个粒子系统都有特殊用途，都对发射源、粒子生成、类型、旋转、对象运动继承性提供参数控制。高级粒子系统添加了更多的参数控制，如"气泡运动"、"粒子繁殖"等。在高级粒子系统中，相当多的参数控制对计算机的性能是个考验，暂时减少粒子数量或提高粒子在视图中的显示百分比可以相对减轻电脑的负担。单击任意一种高级粒子按钮就会打开高级粒子系统参数区卷展栏。

各项参数简要介绍如下。

- "基本参数"卷展栏，主要是对粒子的显示方面进行设置。
- "粒子生成"参数卷展栏，主要包含粒子的运动设置及粒子的数量、大小。
- "粒子类型"参数卷展栏，提供了"标准粒子"、"变形球粒子"和"实例粒子" 3 种粒子。"标准粒子"包含了 8 种类型："三角形"、"面"、"四面体"、"恒定"和"六角形"等，其中"恒定"产生的粒子大小恒定一致，与摄影机的距离无关。
- "旋转和碰撞"参数卷展栏，设置粒子的旋转值、时间、旋转轴和相互碰撞的特性。
- "对象运动继承"参数卷展栏，设置粒子发射器的运动对粒子运动的影响程度。
- "粒子繁殖"参数卷展栏，设置粒子的生成和碰撞后再生的情况，并进行碰撞测试。
- "加载/保存预设"卷展栏，用来命名及保存粒子系统的设置，方便以后的使用。保存下来的文件称为预设文件，预设文件不同于资源文件（*.max），单独保存，在启动或初始化 3ds max 2010 后即可使用。

※ 实例 11-2　秋风落叶

通过暴风雪来制作一个秋风落叶的动画。首先创建粒子系统的实例模型，通过简单模型配合较为复杂的贴图方法得到逼真的树叶模型，然后创建超级喷射粒子系统，然后对其参数进行设定，最后配合背景图来观看所创建的落叶场景，如图 11-13 所示。

具体操作步骤如下。

（1）单击"创建"命令面板中的"平面"按钮，在视图中创建一个平面，设置其参数大小为"宽度"115.0，"长度"85.0，如图 11-14 所示。

图 11-13　秋风落叶效果

（2）单击"修改"按钮进入修改令面板中，在其下拉列表框中选择"弯曲"修改器，在其命令面板的下方设置其"角度"的值为-60.0，如图 11-15 所示。

图 11-14 设置平面参数

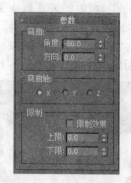

图 11-15 设置弯曲参数

（3）在"修改"命令面板中，单击"弯曲"左侧的+号展开次物体层级，在其次物体层级中选择 Gizmo 项，如图 11-16 所示。然后在视图中使用鼠标移动 Gizmo 线框，对平面进行弯曲调整，调整后的效果如图 11-17 所示。

图 11-16 选择弯曲的 Gizmo

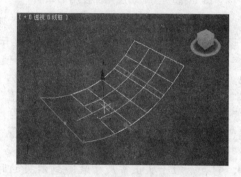

图 11-17 调节弯曲的 Gizmo

（4）按下键盘上的 M 键，打开材质编辑器。选择一个示例球，勾选"双面"复选框，设置"高光级别"为 60，设置"光泽度"为 10，如图 11-18 所示。在场景中选择树叶平面，然后在材质编辑器上单击"指定材质到选择物体"按钮，将材质指定给场景中的树叶平面。

（5）展开"贴图"卷展栏，单击"漫反射颜色"右侧的 None 按钮，在弹出的对话框中选择"位图"贴图，然后在弹出的窗口中选择一张树叶的图片文件，如图 11-19 所示。

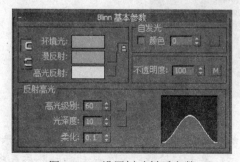

图 11-18 设置树叶材质参数

图 11-19 漫反射使用的贴图

（6）在材质编辑器中，打开"坐标"卷展栏，将角度的W值更改为-90。

（7）在"贴图"卷展栏中单击"不透明度"右侧的None按钮，为其添加一个位图贴图，并为其指定透明贴图文件，如图11-20所示。

（8）在"创建"命令面板的下拉列表框中选择"粒子系统"项，单击"暴风雪"按钮，在顶视图中创建一个暴风雪粒子系统，如图11-21所示。

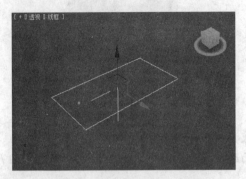

图11-20　不透明度贴图使用的贴图　　　　图11-21　创建暴风雪粒子系统

（9）修改粒子参数。单击"修改"按钮进入"修改"命令面板，在"基本参数"栏中设置发射器的宽度和长度，以及设置显示的效果，设置"宽度"的值为1000.0，设置"长度"为500.0，设置"粒子数百分比"的值为100.0%，以便于观察，选择"网格"单选按钮，它表示粒子的显示状态，如图11-22所示。

（10）在"粒子生成"卷展栏中设置"使用总数"值为75，"速度"值为10.0，"变化"值为20.0，在"粒子计时"栏中设置"发射开始"为-100，这表示从-100帧开始粒子就已经发射了，"发射停止"为100，设置"寿命"为104。在"粒子大小"栏中，设置"大小"的值为1.0，设置"变化"为30.0%，设置"增长耗时"为10，设置"衰减耗时"为10，它表示粒子从正常尺寸衰减到消失的时间，如图11-23所示。

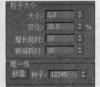

图11-22　"基本参数"卷展栏　　　　图11-23　"粒子生成"卷展栏

（11）打开"粒子类型"卷展栏，设置粒子类型为"实例几何体"，如图11-24所示。它表示的是粒子使用的是场景中的物体方式来显示，单击"拾取对象"按钮钮，然后在场景中单击选择制作的树叶。

（12）树叶在空中是有旋转变化的，这样在命令面板中的"旋转和碰撞"卷展栏中来设置。设置"自旋时间"为 200，设置"变化"为 20.0，如图 11-25 所示。

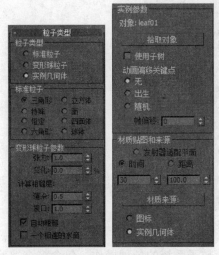

图 11-24 "粒子类型"卷展栏   图 11-25 "旋转和碰撞"卷展栏

（13）在菜单栏上单击"环境和特效"按钮，打开环境设置对话框，在"环境贴图"项的下方单击 None 按钮，在弹出的窗口中选择"位图"方式，选择合适的图片作为背景。

（14）这样就完成了树叶纷飞效果的设置。单击工具栏上的渲染产品工具按钮对透视图进行测试渲染，渲染后的树叶纷飞效果如图 11-26 所示。

图 11-26 动画截图

11.3.2 粒子视图

在视图中创建一个 PF Source（粒子流源）粒子后，在修改命令面板上单击"粒子视图"按钮，或者直接按快捷键"6"，就能打开粒子视图，粒子视图中包含有菜单项，事件窗口，运算符库，参数面板和描述信息几大部分，如图 11-27 所示。

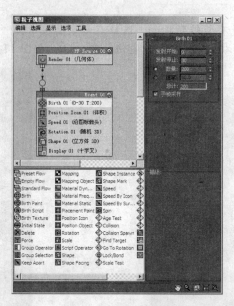

图 11-27　粒子视图

　　事件窗口显示粒子图，用简单直观的方式显示粒子系统的各种操作，包含多个彼此连接的时间，每个事件包含运算符和测试。运算符库列出了所有可用的运算符，通过拖动可以将它们放到上面的事件窗口中使用。

　　粒子视图内部操作流程是：

　　（1）　在场景中添加一个粒子流源之后，在粒子视图中会自动建立一个以粒子流源命名的事件，这是个全局事件，在这个事件内部的运算符将会影响该粒子流源产生的所有粒子。和全局事件一道生成的还有一个事件 event 01（event 01 是系统的默认名称，可以对这个名字进行修改），这个事件中必须包含一个 Birth 运算符，粒子系统才能正常发射粒子。

　　（2）　从下面的运算符库中拖动更多普通运算符到 event 01 事件内部就可以实现对粒子的更多控制。

　　（3）　从 event 01 事件内部添加测试运算符（也可以从运算符库中找到），测试运算符根据一定的条件来确定哪些粒子符合条件，并将其输出到其他事件。

　　（4）　添加其他事件，接受测试运算符输出的粒子并行进一步的处理。

11.4　空间扭曲的使用

　　"空间扭曲"是 3ds max 2010 系统提供的一个外部插入工具，通过空间翘曲可以影响视图中移动的对象及对象周围的三维空间，最终影响对象在动画中的表现。系统提供了很多种的空间扭曲，诸如涟漪、爆炸、波浪、重力等。

　　这些空间扭曲对象分为几个大类："力"、"导向器"、"几何/可变形"和"基于修改器"。其中最常用的两类空间扭曲对象是"力"和"几何/可变形"。

　　"力"空间扭曲，用于模拟各种力的作用效果，使用该类中的空间扭曲对象可以轻而易举地创建在各种力作用下物体的运动效果。

"几何/可变形"空间扭曲中的各个空间扭曲对象，可以模拟物体的各种变形效果，例如"波浪"、"涟漪"、"置换"、"爆炸"等。这两类空间扭曲对象的命令面板如图 11-28 所示。

在这些空间扭曲对象中，本节只详细介绍其中最常用到的几种："涟漪"、"爆炸"、"置换"、"重力"和"风"。

图 11-28　空间扭曲命令面板

11.4.1　涟漪的应用

"涟漪"是一种可使造型产生集中的波纹效果的空间扭曲。为了产生较好的涟漪效果，需要造型的面要足够多。

单击命令面板中的"空间扭曲"控制按钮 ≋，打开空间扭曲命令面板。单击其中的"涟漪"按钮，就可以弹出相应的"涟漪"参数设置面板。

在命令面板"参数"卷展栏中，"涟漪"用于确定涟漪的一些特性尺寸，而"显示"窗口用于确定涟漪的显示形态，"参数"卷展栏中的参数如下。

- "振幅 1"参数决定在一个方向上生成涟漪的振幅。
- "振幅 2"参数决定在另一个垂直的方向上生成涟漪的振幅。
- "波浪"、"长度"参数决定生成涟漪的波长。
- "相位"参数跟踪涟漪高度方向的变化，从涟漪的最高点到最低点，然后再返回。改变该参数值，使涟漪沿"涟漪"空间扭曲的局部坐标的 *XY* 平面移动。如果要产生柔和的运动，将"相位"值的变化设置小一些；反之，则设置大一些。

要使"涟漪"按相反的方向运动，只需将"相位"值从 0 改变成负值。

- "衰减参数"用来限制对象的涟漪效果。
- "圈数"参数用于定义所生成的涟漪在视图中显示的圈数。
- "分段"参数用于定义所生成的涟漪在视图中显示的段数。

"涟漪"空间扭曲对象必须施加到其他造型上才能产生相应的效果。

11.4.2　爆炸的应用

影视中壮观的爆炸场面，令人惊心动魄，在 3ds max 2010 中这并不神秘，运用 3ds max 2010 的"爆炸"空间扭曲效果，创造这些场景轻而易举。"爆炸"空间扭曲用于将一个或几个对象炸成多个小对象，同样要求被爆炸的对象具有足够多的面才能产生较好的爆炸效果。

单击"几何/可变形"命令面板中的"爆炸"按钮，就可以弹出相应的"爆炸"参数面板。

- "强度"参数定义爆炸的强度。
- "重力"参数定义爆炸后重力对碎片的影响。
- "混乱"定义爆炸后碎片运动的随机性。
- "起爆时间"设置起爆的帧号。

11.4.3 置换的应用

"置换"错位用于修改造型或粒子系统的形状，使其产生起伏效果。"置换"命令面板"参数"卷展栏中各个参数的意义如下。

- "亮度中心"中心照明用于增加最低错位的亮度。
- "图像"窗口用于选择图像作为错位影响。
- "模糊"参数用于定义图像的模糊程度，以便增加错位的真实感。
- "贴图"窗口用于定义所采用的映像类型。

11.4.4 重力的应用

重力是一种使粒子系统产生重力效果的空间翘曲。在"空间扭曲"命令面板的分支列表栏中选择"力"选项，在弹出的命令面板中单击"重力"按钮，就会出现"重力"空间扭曲对象的参数面板。

- "强度"参数用于定义重力的作用强度。
- "衰减"用于设置远离图标时的衰减速度。
- "平面"将重力场设置为平面场。
- "球形"用于将重力场设置为球面场。
- "图标大小"参数定义图标的大小。

※ 实例 11-3　制作水滴模型

本实例将制作一滴水珠落在水面，溅起水花的动画。使用"长方体"制作水面，添加"涟漪"空间扭曲制作涟漪，然后使用粒子系统来制作水珠落下后溅起的水花，并添加重力空间扭曲，如图 11-29 所示。

图 11-29　水滴的最终效果

具体操作步骤如下。

（1）首先创建水滴，单击顶视图将其设为当前视图，单击"球体"按钮，在顶视图中创建一个球体，参照图 11-30 所示设置参数，单击主工具栏中的 按钮，在 Z 轴方向上进行拉伸如图 11-31 所示。

（2）使用关键帧制作球体匀速落下的过程，单击"自动关键点"按钮，在第 0 帧时球体 Z 坐标为 40，使用移动工具在第 65 帧时将球体 Z 坐标改为 0。

（3）接下来制作水面，在创建命令面板中单击"长方体"按钮，在顶视图中拖动鼠标创建一个长方体，并参照图 11-32 所示设置其参数，得到的模型如图 11-33 所示。

图 11-30　设置球体参数

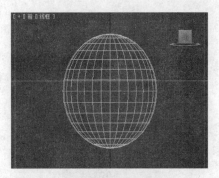

图 11-31　球体模型

图 11-32　设置长方体参数

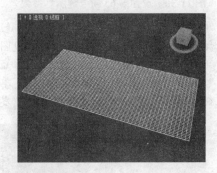

图 11-33　得到的长方体模型

（4）在创建命令面板中单击 按钮，在下拉列表框中选择"几何/可变形"，在面板中单击"涟漪"按钮，创建一个涟漪空间扭曲，如图 11-34 所示。

（5）水面要在水滴落下后开始产生涟漪。单击"自动关键点"按钮，在第 0 帧和第 64 帧时将涟漪的振幅等各项参数均设为 0，如图 11-35 所示。在第 65 帧时参照图 11-36 所示设置其参数。

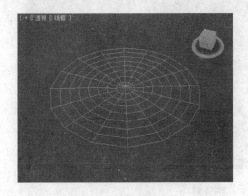

图 11-34　得到的涟漪空间扭曲

图 11-35　设置第 0 帧和第 64 帧"涟漪"参数

（6）在视图中选择长方体对象，单击 按钮，单击涟漪对象，绑定到涟漪空间扭曲。拖动时间轴，可以看出添加"涟漪"扭曲后，平面产生波纹状的变形，如图 11-37 所示。

（7）在水滴落到水面上之后，将会溅起水花，下面用粒子系统来制作水花。在创建粒子系统前，在创建命令面板中单击"几何球体"按钮，在视图中创建一个几何球体，作为关联对象，将半径设为 0.6，分段设为 6。

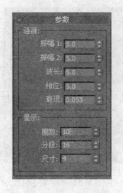
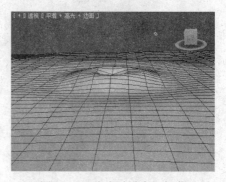

图 11-36　设置第 65 帧"涟漪"参数　　　　　图 11-37　绑定涟漪空间扭曲

（8）　在"标准基本体"面板的下拉列表框中选择"粒子系统"选项，单击"超级喷射"按钮。单击顶视图使其成为当前视图，创建一个粒子发生器。

（9）　单击 按钮，进入修改命令面板，参照图 11-38 所示进行参数设置。在"粒子类型"卷展栏中选择"实例几何体"，单击"拾取对象"按钮，在视图中单击刚才创建的"几何球体"对象。需要注意的是将"发射开始"设为 65，即水滴落到水面的时间。

图 11-38　设置粒子系统参数

（10）　在创建命令面板中单击 按钮，单击"重力"按钮，用鼠标在顶视图中创建一个重力空间扭曲，在"参数"卷展栏中设置参数如图 11-39 所示。

（11）　在视图中选择粒子系统，单击 按钮，选择重力系统，将粒子系统绑定到重力系统上，这样溅起的水珠将上升一段距离后自由下落。

（12）　选择"渲染"|"渲染设置"命令，在弹出的"渲染设置"对话框中单击"文件"按钮，在弹出的文件浏览器中输入文件名，保存为 AVI 格式，单击"保存"按钮，确

定操作。在弹出的"AVI文件压缩设置"对话框中选择一种压缩格式,单击"确定"按钮返回"渲染设置"对话框,选择"活动时间段"选项,并设置好输出的尺寸,单击"渲染"按钮,就可以输出动画了,其中的动画截图如图11-40所示。

图 11-39　重力系统参数

图 11-40　动画截图

11.4.5　风的应用

"风"空间扭曲只影响粒子系统,使粒子产生被风吹的效果。在"空间扭曲"命令面板的下拉菜单中选择"力"选项,在弹出的命令面板中单击"风"按钮,将会出现"风"空间扭曲对象的"参数"面板,面板上各个参数的功能如下。

● "强度"定义风的强度。
● "衰减"定义风的衰减速度。
● "平面"将风力场设置为平面场。
● "球形"用于将风力场设置为球面场。
● "湍流"定义风的扰动量。
● "频率"定义动画中风的频率。
● "比例"定义风对粒子的作用程度。

11.5　动手实践

本实例将制作类似黑客帝国开场中字符雨的粒子效果,如图11-41所示。设置PF Source的发射源为一个立方体上面处于同一条边上的顶点,文字均匀产生,构成一个平面;使用Spawn操作器,每个文字带有一条尾迹;用粒子年龄贴图制作材质,粒子颜色由白到绿再到黑色逐渐变化。

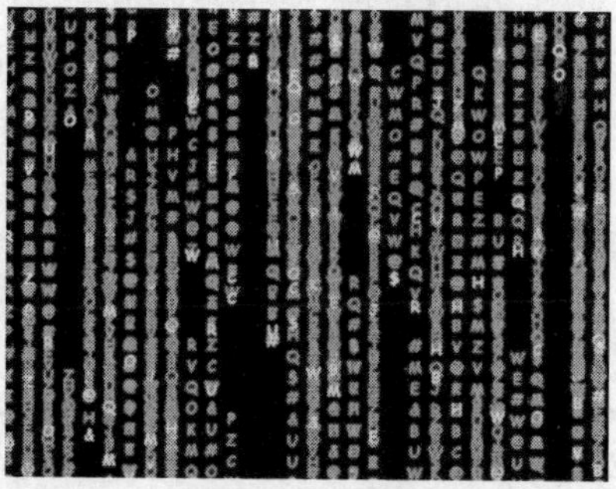

具体操作步骤如下。

(1)进入"创建"命令面板,单击"长方体"按钮,建立一个长方体,设置其宽度为600.0,长度

图 11-41　瀑布动画截图

和高度为10.0,宽度分段数为30,长度和高度分段数均为1,如图11-42所示。

(2)进入"修改"命令面板,为长方体添加一个"网格选择"修改器。进入"顶点"层级,选择矩形一条长边上的所有顶点,如图11-43所示。

图 11-42　设置长方体参数

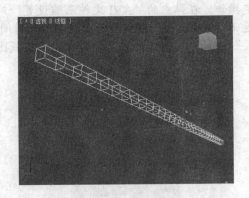

图 11-43　选择顶点

（3）进入"创建"|"图形"面板，单击"文本"按钮，在场景中创建文本对象。进入"修改"命令面板，输入一个字母，将字体设置为"comic sans ms bold"，如图 11-44 所示。在"插值"卷展栏中将"步数"参数设为 1，因为后面要用这些文字大量替换粒子，如果不降低这个参数，生成的面太多，将会严重影响渲染速度。

（4）为文本添加一个"挤出"修改器，设置"数量"为 0.0，这样可以将平面图形转换成一个面，如图 11-45 所示。

图 11-44　设置文本对象参数

图 11-45　设置"挤出"修改器参数

（5）按照和上一步完全相同的方法制作 20 个文字，并加上"挤出"修改器，如图 11-46 所示。将建立好的所有文字全部选中，选择"组"|"成组"命令建立一个组。

（6）进入"创建"命令面板，在下拉列表框中选择"粒子系统"选项，单击 PF Source 按钮，在顶视图中拖动鼠标创建一个粒子流发射源。

（7）按 6 键进入粒子视图，选择 Event01 选项，选择该事件的 Birth 修改器，参照图 11-47 所示设置其参数。

（8）选择 Postion Object 修改器，在其属性面板中单击"按列表"按钮，选择第一次创建的长方体物体，在"位置"的下拉列表框中选择"选定顶点"选项，也就是以长方体中选中的顶点作为粒子发射源，如图 11-48 所示。

（9）返回到粒子视图中，为事件"Event01"添加一个 Shape Instance 操作器，添加完成后删除原有默认的 Shape 操作器。选择 Shape Instance 操作器，在其属性面板中单击 None 按钮，然后选择刚才创建的字符群组。注意要选择下面的"组成员"、"获取材质"和"多图形随机顺序"复选框，如图 11-49 所示。

图 11-46　创建多个文本对象

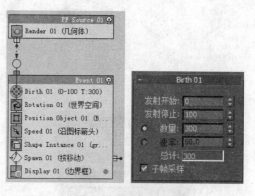

图 11-47　设置 Birth 对象参数

图 11-48　设置 Position 参数

图 11-49　设置 Shape 参数

（10）　拖动一个 Spawn 操作器到事件 Event01 内部，放在 Shape Instance 下方，如图 11-50 所示。在其属性面板中设置粒子产生方式为"按移动距离"，将其参数为 20.0，也就是让粒子在飞行过程中每 20 个单位产生一个子粒子，设置"继承"参数为 0.0，让粒子产生之后散度为 0.0，如图 11-51 所示。

（11）　拖动一个 Shape Instance 操作器到粒子视图的空白区域，这样会自动建立一个新事件 Event02，选择 Shape Instance 操作器，它的设置参数和事件 Event01 中 Shape Instance 操作器的设置完全一样，如图 11-52 所示。

（12）　将事件"文字产生_Event"中的 Spawn 操作器的输出和事件"文字尾迹_Event"的事件输入连接起来，如图 11-53 所示。

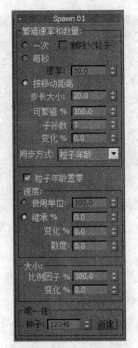

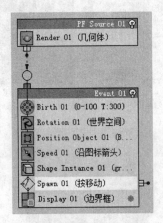

图 11-50　添加 Spawn 操作器　　　　图 11-51　设置 Spawn 参数

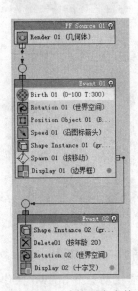

图 11-52　创建 Event02 事件　　　　图 11-53　连接两个事件

（13）　打开材质编辑器（快捷键 M），选择一个空白样本球，设置其"漫反射"通道贴图为"粒子年龄"。

（14）　进入"粒子年龄"的设置界面，单击颜色#1 设置框，将其设置为浅绿色，颜色#2 设置为绿色，颜色#3 设置为深绿色，如图 11-54 所示

（15）　选择"渲染"|"渲染设置"命令，在弹出的"渲染设置"对话框中单击"文件"按钮，在弹出的文件浏览器中输入文件名，保存为 AVI 格式，单击"保存"按钮，确定操作。在弹出的"AVI 文件压缩设置"对话框中选择一种压缩格式，单击"确定"按钮

返回"渲染设置"对话框，选择"活动时间段"选项，并设置好输出的尺寸，单击"渲染"按钮，就可以输出动画了，渲染得到的动画效果如图 11-55 所示。

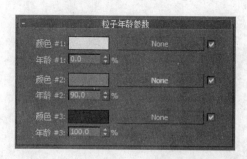

图 11-54　设置"粒子年龄"贴图参数

图 11-55　渲染效果图

11.6　习题练习

11.6.1　填空题

（1）　"喷射"粒子系统提供了两个参数来指定粒子数，其中"视口计数"参数的值影响_____，"渲染计数"参数的值影响_____。

（2）　粒子系统中的_____参数指粒子从第几帧开始出现，系统默认值为_____。

（3）　"涟漪"是一种可使模型产生_____效果的空间扭曲。

（4）　_____ 空间扭曲用于模拟各种力的作用效果，使用该类中的空间扭曲对象可以轻而易举地创建在各种力作用下对象的运动效果。

（5）　通常来说，"渲染计数"值设置得_____一些，这样才能保证粒子的观察效果。

（6）　空间扭曲对象分为几个大类：_____、_____、"几何/可变形"和"基于修改器"。

11.6.2　选择题

（1）　"风"空间扭曲影响下列哪些对象，使其产生被风吹的效果？（　　　）

　　A. 标准几何对象　　　　　B. 粒子系统

　　C. 辅助对象　　　　　　　D. 其余空间扭曲

（2）　在使用"雪"粒子系统的时候，哪种类型可以得到最好的渲染效果？（　　　）

　　A. 三角形　　　　　　　　B. 面

　　C. 六角形　　　　　　　　D. 都一样

（3）　下面哪种空间扭曲用于修改造型或粒子系统的形状，使其产生起伏效果。（　　　）

　　A. 置换　　　　　　　　　B. 爆炸

　　C. 风　　　　　　　　　　D. 重力

（4）　下列哪种不是高级粒子系统的粒子类型？（　　　）

A. 超级喷射实例粒子　　　B. 标准粒子

C. 几何粒子　　　　　　　D. 变形球粒子

11.6.3　上机练习

（1）运用粒子系统制作如图 11-56 所示的场景（提示：使用"雪"粒子系统）。

图 11-56　练习题（1）

（2）运用粒子系统制作如图 11-57 所示的场景（提示：使用"喷射"粒子系统）。

图 11-57　练习题（2）

（3）运用空间扭曲制作如图 11-58 所示的场景（提示：使用"爆炸"空间扭曲）。

图 11-58　练习题（3）

第12章 综合实例

本章要点

- 创建室内建筑的一般流程。
- 样条线与挤出、车削工具。
- 布尔运算与放样对象。
- 材质的设定。
- 灯光和摄影机的使用。

本章导读

- **基础内容**：本章介绍了使用 3ds max 2010 制作室内建筑效果图的过程，运用了一些基本命令以及多种编辑方法，以及材质和灯光的使用。
- **重点掌握**：室内建筑建模创建对象和编辑对象的方法，使用多种工具来修改调整物体的造型等。以及怎样模拟真实的光感，使室内空间的光线更加逼真。
- **一般了解**：使用 3ds max 2010 进行室内建筑创作的一般流程和制作方法。

课堂讲解

　　本章通过一个综合性实例作为本书的总结，全面介绍了本书各个知识点的内容，完整地介绍了通过 3ds max 2010 创建效果图的全部过程。实例详细讲解了室内效果图的制作，通过模型的制作过程进一步学习建模中常用的命令和方法，熟练掌握这些命令的使用对以后的学习有很大帮助，学习利用灯光颜色影响场景的整体效果过程。通过本章的学习能提高读者使用 3ds max 2010 进行动画制作的操作技能和学习成果，将理论与实践相结合，为登上 3ds max 艺术创作殿堂打下坚实的基础。

本章介绍的是一间很有代表性的卧室的制作。卧室体现了建筑结构的变化感和多样性，内嵌的吊顶、精巧别致的屋檐贴边，以及欧式的阳台护栏等，都是高档家居卧室建筑结构的重要组成部分，所有的建筑元素都力求使得空间更有层次感和协调性以避免生硬的长方形结构。

本章主要通过深入研究复杂家具的建模技巧，使读者进一步掌握建模知识，通过贴图技巧和自然光的设置技巧，表现出一个较为真实的场景。墙体模型可以通过"墙"对象创建，吊顶内嵌可以通过布尔运算来制作，屋檐贴边通过放样工具来制作；通过编辑线条得到阳台的楼板轮廓线条和护栏，完成阳台模型；添加壁挂玻璃等个性化的装饰，然后通过放样多截面放样得到窗帘模型，通过为轮廓线条添加"车削"修改器的方法得到顶灯模型。

图 12-1 卧室完成效果图

在材质设定上注意处理好色调和色泽，使整个画面和谐统一。灯光方面采用以顶部泛光光作为主光源，底部泛光灯作为辅助光源的灯光系统，并且使用摄像机视图来表现所需要的视角。

12.1 制作卧室模型

12.1.1 制作墙体模型

（1）选择顶视图使其成为当前视图。在创建命令面板中单击 🔲 按钮，单击"矩形"按钮，创建一个矩形曲线，并将其"长度"设为5100.0，"宽度"设为3900.0，如图 12-2 所示。使用 ✛ 移动工具将矩形中心移动到 XYZ（0，0，0）的位置。

（2）墙体上有门洞，下面便定出门洞的具体位置。添加"编辑样条线"修改器，在"选择"卷展栏中单击 ▉ 按钮，进入"顶点"次物体层级。单击"插入"按钮，在 XYZ（-1200，2550，0）的位置添加一个节点，同样的在 XYZ（1200，2550，0）、XYZ（-1850，-2550，0）、XYZ（430，-2550，0）的位置上添加相应节点，如图 12-3 所示。

（3）在主工具栏中单击 ❷ 按钮，在按钮上单击鼠标右键，在弹出的"栅格和捕捉设置"对话框中勾选"顶点"前的复选框，将捕捉对象设置为节点捕捉，如图 12-3 所示。

（4）单击 ◎ 按钮，在下拉列表框中选择"AEC 扩展"选项，单击"墙"按钮，在顶视图中沿着各节点创建一段墙体，注意使墙体闭合。

（5）进入修改命令面板，在修改器堆栈中选择"线段"选项，进入线段次物体层级。在顶视图中框选除了两个门洞之外的其余墙体部分，在"编辑分段"卷展栏中参照图 12-4 所示设置其参数，将墙体的厚度设为100.0，高度设为2700.0。

图 12-2　设置矩形参数

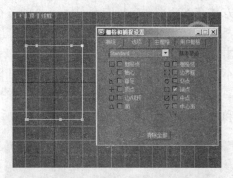

图 12-3　添加节点并设置捕捉参数

（6）　在顶视图中选择下方的门洞部分，在"编辑分段"卷展栏中将墙体的厚度设为 100，高度设为 300，底部偏移设为 2400，得到门洞上方的墙体模型，如图 12-5 所示。

图 12-4　设置墙体参数

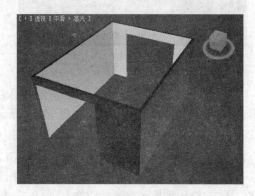

图 12-5　得到的墙体模型

（7）　制作天花板。天花板上有吊顶装饰，中心部分是向上凹陷进去的，这是一种常见的装饰造型，可以通过布尔运算来完成。右击墙体对象，在弹出的快捷菜单中选择"隐藏当前选择"命令，将其隐藏。

（8）　在创建命令面板的下拉列表框中选择"标准基本体"项，单击"长方体"按钮，在顶视图中创建两个长方体，分别参照图 12-6 和图 12-7 所示设置其参数，然后复制第一个长方体作为地板。

图 12-6　设置长方体参数

图 12-7　设置长方体参数

（9）　使用 ✥ 移动工具分别将两个长方体移动到 XYZ（0，0，2700）的位置，使两个长方体在 XY 平面内将中心对齐，且两者在 Z 轴方向上下底边齐平。

（10）选择比较大的长方体，在创建命令面板的下拉列表框中选择"复合对象"项，单击"布尔"按钮，然后单击"布尔"按钮，单击"拾取操作对象"按钮后在视图中选取较小的长方体，进行减运算，得到向上凹陷的部分，如图 12-8 所示。

（11）右击视图空白区域，在弹出的快捷菜单中选择"全部取消隐藏"命令，显示墙体和地板，观察模型的效果，如图 12-9 所示。

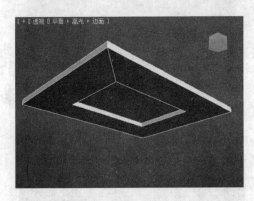

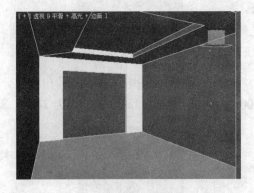

图 12-8　完成的天花板模型　　　　　　　　图 12-9　室内墙体模型效果

（12）激活前视图，单击 按钮进入图形创建面板。单击"线"按钮，创建天花板吊顶装饰的轮廓线条，其结果如图 12-10 所示。

（13）单击"矩形"按钮，在顶视图中创建一个矩形，其"长度"为 3000，"宽度"为 2000，使用 移动工具将矩形移动到 XYZ（0，0，2700）的位置。

（14）在视图中选择矩形线条，单击 按钮后在下拉列表框中选择"复合对象"选项，在面板中单击"放样"按钮。在"创建方法"卷展栏下单击"获取图形"按钮，在视图中选择轮廓截面线条，放样生成三维模型，如图 12-11 所示。

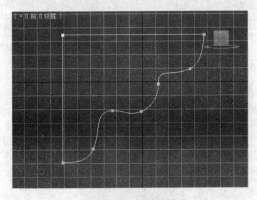

图 12-10　绘制轮廓线条　　　　　　　　　图 12-11　吊顶装饰模型效果

12.1.2　制作阳台模型

（1）下面制作阳台模型。切换至顶视图，在图形创建面板中单击"线"按钮，创建阳台的轮廓线条，其结果如图 12-12 所示，注意这是一条闭合线条。

（2）　选择"编辑"/"克隆"命令，复制该线条。进入修改命令面板，在"选择"卷展栏中单击█按钮，进入"线段"次物体层级，选择下方水平的线段，将其删除。选择"编辑"/"克隆"命令，复制该线条。

（3）　在"选择"卷展栏中单击█按钮，进入"样条线"次物体层级。选中整条线条，将"轮廓"的参数设为 50，单击"轮廓"按钮，将其转化为间距为 50 的闭合双线，如图12-13 所示。

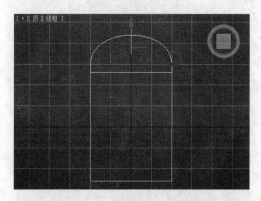

图 12-12　绘制阳台的轮廓线条

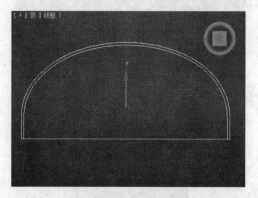

图 12-13　绘制阳台的轮廓线条

（4）　选中原始的阳台轮廓线条，在"修改器列表"下拉列表框中选择"挤出"编辑器，参照图 12-14 所示设置其参数，得到阳台楼板模型。同样的为编辑后的双线添加"挤出"修改器，将"数量"参数设为 200，得到的模型如图 12-15 所示。

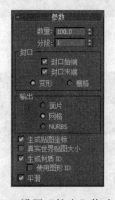

图 12-14　设置"挤出"修改其参数

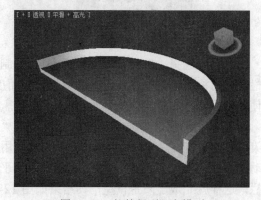

图 12-15　拉伸得到阳台模型

（5）　接下来创建阳台的护栏模型。切换至前视图，使用"线"工具绘制阳台护栏的轮廓线条。进入修改命令面板，在"选择"卷展栏中单击█按钮，进入"顶点"次物体层级，选择所有的顶点，单击鼠标右键，在弹出的快捷菜单中选择 Bezier 命令，将顶点转化为 Bezier 类型。使用█移动工具调节各顶点的位置、倾角和曲率，如图 12-16 所示。

（6）　在"选择"卷展栏中再次单击█按钮，退出"顶点"次物体层级。在"渲染"卷展栏中参照图 12-17 所示设置其渲染参数，使其可以被渲染。

（7）　选中护栏模型，在"修改器列表"下拉列表框中选择"弯曲"修改器，参照图12-18 所示设置其参数，使其产生一个小角度的弯曲，如图 12-19 所示。

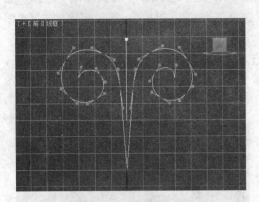

图 12-16　绘制阳台护栏轮廓线条

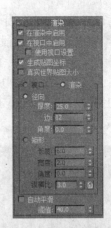

图 12-17　设置线条的渲染参数

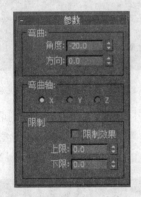

图 12-18　设置"弯曲"修改其参数

图 12-19　弯曲的线条

（8）选择"编辑"/"克隆"工具复制护栏，使用移动工具和旋转工具调节位置和角度，使其沿阳台边布置。

（9）创建外围线条，同样的设置其"渲染"卷展栏中的参数，使其可被渲染。使用移动工具在 Z 轴方向上调节其高度，作为水平护栏，这样就完成了阳台模型，其结果如图 12-20 所示。

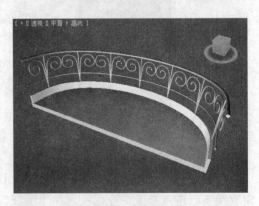

图 12-20　完成的阳台模型

12.1.3　制作室内装饰

（1）接下来制作室内的一些装饰。首先制作壁挂玻璃模型，在创建命令面板的下拉列表框中选择"扩展基本体"项，单击 C-Ext 按钮，在左视图中创建一个 C 型体，并参照图 12-21 所示设置器参数。

（2）在创建命令面板的下拉列表框中选择"标准基本体"项，单击"长方体"按钮，创建一个"长方体"对象，参照图 12-22 所示设置器参数。

图 12-21　设置 C-Ext 参数

图 12-22　设置长方体参数

（3）　选中 C 型体对象，选择"编辑"/"克隆"命令进行复制，使用 ✥ 移动工具将其分别至于床后墙体的两侧，两者外侧的间距为 4100 个单位。

（4）　选中长方体对象，使用移动工具将其置于两个 C 型体的正上方，得到两个玻璃框模型，如图 12-23 所示。

（5）　继续在左视图中创建长方体对象，作为壁挂玻璃的横向、竖向分隔，其短方向上的边长为 10 个单位。使用移动工具调节分隔的位置，其结果如图 12-24 所示。

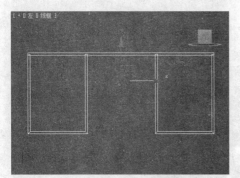

图 12-23　得到的玻璃框模型

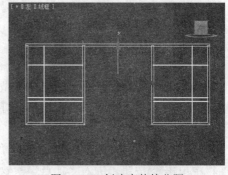

图 12-24　创建窗体的分隔

（6）　继续创建两个长方体对象，作为壁挂玻璃，参照图 12-25 所示设置其参数，得到的结果如图 12-26 所示。

图 12-25　设置长方体参数

图 12-26　创建壁挂玻璃对象

（7）　在壁挂玻璃的中间是一个画框。单击 按钮进入图形创建面板，单击"矩形"按钮，在左视图中创建一个矩形，并参照图 12-27 所示设置其参数。

（8）　进入修改命令面板，在"修改器列表"下拉列表框中选择"编辑样条线"修改器。在"选择"卷展栏中单击 按钮，进入"样条线"次物体层级。选中整个线条，将"轮廓"的参数设为 55，单击"轮廓"按钮，将其转化为间距为 55 的闭合双线。

（9）　添加"倒角"修改器，并参照图 12-28 所示设置其参数，倒角生成画框模型。

图 12-27　设置矩形参数

图 12-28　设置"倒角"修改其参数

（10）　在画框中创建一个"平面"对象作为画布模型，其"长度"为 400，"宽度"为 700，完成的画框模型如图 12-29 所示。

12.1.4　制作顶灯模型

（1）　下面制作天花板上的顶灯模型。切换至前视图，使用"线"工具绘制顶灯铁架的轮廓线条。

（2）　进入修改命令面板，在"选择"卷展栏中单击 按钮，进入"顶点"次物体层级，选择所有的顶点，单击鼠标右键，在弹出的快捷菜单中选择 Bezier 命令，将顶点

图 12-29　完成的画框模型

转化为 Bezier 类型。使用 移动工具调节各顶点的位置、倾角和曲率，如图 12-30 所示。

（3）　在"渲染"卷展栏中参照图 12-31 所示设置其渲染参数，使其可以被渲染。

（4）　继续使用"线"工具绘制顶灯灯泡的轮廓线条，如图 12-32 所示。

（5）　在"修改器列表"下拉列表框中选择"车削"修改器，参照图 12-33 所示设置其参数。得到灯泡的三维模型。

（6）　同样的绘制灯泡金属底座的轮廓线条，添加"车削"修改器，得到金属底座。选中灯泡和底座模型，使用 旋转工具调整其角度，使其轴线角度与支架末端切线方向一致，其效果如图 12-34 所示。

（7）　继续使用"线"工具绘制顶灯中间部分的轮廓线条，如图 12-35 所示。

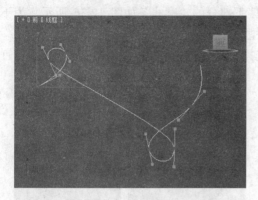

图 12-30 创建顶灯铁架的轮廓线条

图 12-31 设置线条的渲染参数

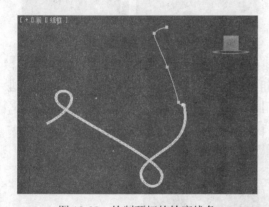

图 12-32 绘制顶灯的轮廓线条

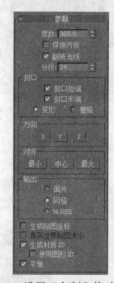

图 12-33 设置"车削"修改器参数

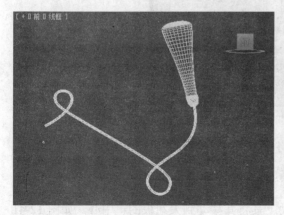

图 12-34 生成的顶灯模型

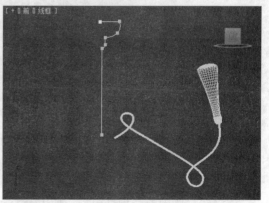

图 12-35 创建顶灯中间部分的轮廓线条

（8） 为上面的一段线条添加"车削"修改器，其参数设置与刚才相同，旋转得到上部的三维模型。

（9） 继续使用"线"工具绘制顶灯中间偏下部分的轮廓线条如图 12-36 所示，为下面的线条也添加"车削"修改器，得到下部模型。

（10） 在"修改器列表"下拉列表框中选择"晶格"修改器，参照图 12-37 所示设置其参数，对其进行网格化处理。

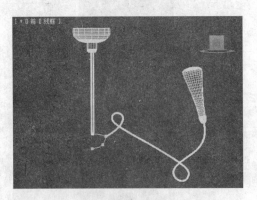 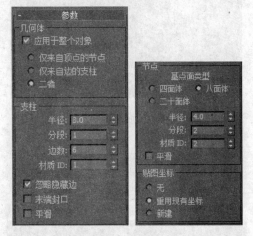

图 12-36　创建顶灯中间偏下部分的轮廓线条　　　　图 12-37　设置"晶格"修改其参数

（11） 这样在顶灯的下方得到类似于金属网架一样的模型，其效果如图 12-38 所示。

（12） 选中灯泡和铁支架对象，选择"组"/"成组"命令，将其组成一个群组。进入层级命令面板，单击"仅影响轴"按钮，使用 ✛ 移动工具将群组的轴心移动顶灯的中心。再次单击"仅影响轴"按钮，退出轴心调节模式。

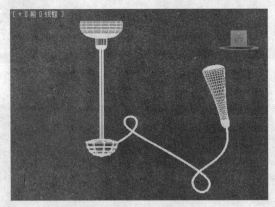

图 12-38　得到的顶灯中间部分

（13） 选择"工具"/"阵列"命令，将 Z 轴的"旋转"参数设为 60.0，将"数量"参数设为 6，如图 12-39 所示。

（14） 单击"确定"按钮执行阵列操作，得到的模型如图 12-40 所示。

（15） 选中整个顶灯模型，使用 ✛ 移动工具将其移动到天花板的正中心，如图 12-41 所示。

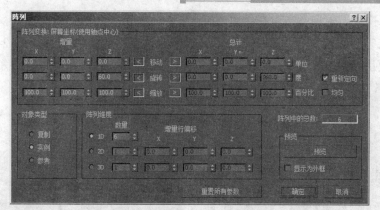

图 12-39　设置阵列参数

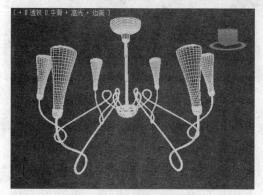

图 12-40　完成的顶灯模型

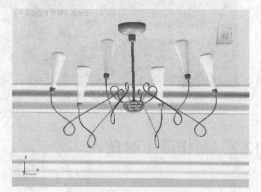

图 12-41　调节顶灯的位置

12.1.5　制作其余模型

（1）接下来创建盆栽植物，绘制花钵的轮廓线条，添加"车削"修改器，旋转生成花钵的三维模型。

（2）在创建命令面板的下拉列表框中选择"AEC 扩展"项，单击"植物"按钮，在"收藏的植物"卷展栏中选择一种低矮的植物，在花坛中创建一株植物，并参照图 12-42 所示设置其参数，得到的植物模型如图 12-43 所示。

图 12-42　设置盆栽植物的参数

图 12-43　完成的盆栽模型

（3）在场景中添加一个家具模型。选择"文件"/"导入"/"合并"命令，选择柜子、窗帘和双人床等的 max 模型，在弹出的"合并"对话框中选择对象，如图 12-44 所示。

（4）使用 移动工具调节家具的位置，完成的场景模型如图 12-45 所示。

图 12-44 设置"合并"参数

图 12-45 完成的场景模型

12.2 制作卧室材质

12.2.1 制作天花板材质

（1）按 M 键，弹出材质编辑器。选择一个材质样本示例小球，在"明暗器基本参数"卷展栏中的下拉列表框中将着色器方式选择为 Blinn，参照图 12-46 所示设置其基本参数，"高光级别"设为 10，"光泽度"设为 30，"漫反射"的色彩值设为红绿蓝（250，238，175）。

（2）展开"贴图"卷展栏，单击"凹凸"贴图通道右侧的 None 按钮，在弹出的"材质/贴图浏览器"对话框中选择"噪波"贴图类型，并参照图 12-47 所示设置其参数。

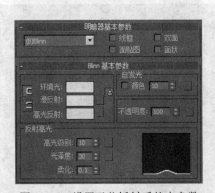

图 12-46 设置天花板材质基本参数

图 12-47 设置"噪波"贴图参数

（3） 这样就完成了天花板材质的设定，双击材质小球查看该材质的材质效果，如图
12-48 所示。在视图中选中天花板以及墙体，在材质编辑器中单击![]按钮，将材质赋予物体。

12.2.2 制作天花板内嵌材质

（1） 将天花板的材质小球拖动到另一个材质小球上释放进行复制，将材质名称修改
为 roof2，将"漫反射"色彩值设为红绿蓝（250，253，216），"高光级别"设为 10，"光
泽度"设为 30。

（2） 这样就得到了天花板凹陷部分的材质，双击材质小球查看该材质的材质效果，
如图 12-49 所示。在视图中选中天花板内嵌的部分，在材质编辑器中单击![]按钮，将材质
赋予物体。

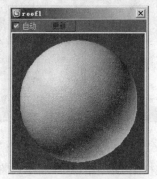

图 12-48 天花板材质效果

图 12-49 天花板凹陷的材质效果

12.2.3 制作地板材质

（1） 制作地板的材质。选择一个材质样本示例球，单击 Srandard 按钮，在弹出的对
话框中选择"虫漆"材质。

（2） 单击"基础材质"右侧的长方条按钮，进入基层材质设置面板。在"明暗器基
本参数"卷展栏中的下拉列表框中将着色器方式选择为 Blinn，"高光级别"设为 50，"光
泽度"设为 40，如图 12-50 所示。

（3） 展开"贴图"卷展栏，单击"漫反射"贴图通道右侧的 None 按钮，在弹出的
"材质/贴图浏览器"对话框中指定为"位图"贴图类型，在文件浏览对话框中选择如图 12-51
所示的图片，单击"确定"按钮。

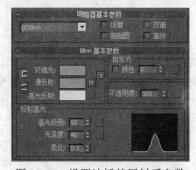

图 12-50 设置地板基层材质参数

图 12-51 位图贴图图片

（4） 返回顶层材质面板，单击"虫漆材质"右侧的长方条按钮，进入漆层材质设置面板。在"明暗器基本参数"卷展栏中的下拉列表框中将着色器方式选择为 Blinn，"高光级别"设为 200，"光泽度"设为 70，如图 12-52 所示。

（5） 展开"贴图"卷展栏，单击"反射"贴图通道右侧的 None 按钮，在指定为"光线跟踪"贴图类型。

（6） 展开"衰减"卷展栏，在其中设置光跟踪器的衰减参数，将"衰减类型"选择为"自定义衰减"，并参照图 12-53 所示设置其参数。

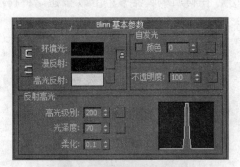

图 12-52　设置漆层材质参数

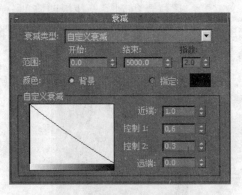

图 12-53　设置"光线跟踪"衰减参数

（7） 返回顶层材质面板，在"虫漆基本参数"卷展栏中参照图 12-54 所示设置其参数。

（8） 这样就完成了地板材质的设置，双击材质小球查看其效果，如图 12-55 所示。

图 12-54　设置"虫漆"材质参数

图 12-55　地板材质效果

12.2.4　制作玻璃材质

（1） 选择另一个材质小球，在"明暗器基本参数"展卷栏的下拉列表框中选择 Blinn，其中"漫反射"的色彩设置为红绿蓝（150，187，192），参照图 12-56 所示设置参数。

（2） 展开"贴图"卷展栏，单击"凹凸"右侧的长方条，在弹出的对话框中选择"混合"贴图。

（3） 在"混合参数"卷展栏中单击"颜色#1"右侧的长方条按钮，在弹出的"材质/贴图浏览器"对话框中选择"位图"项，进入"位图"贴图面板，使用如图 12-57 所示的贴图。

（4）　单击![按钮]按钮返回上层材质面板，在"混合参数"卷展栏中单击"颜色#2"右侧的长方条按钮，在弹出的"材质/贴图浏览器"对话框中选择"噪波"项，将"大小"参数设为 1，其余参数设置采用系统默认数值即可。

（5）　单击![按钮]按钮返回到"混合"材质面板，参照图 12-58 所示设置其参数。单击![按钮]按钮返回上层材质面板，并将"凹凸"通道的强度值更改为 120。

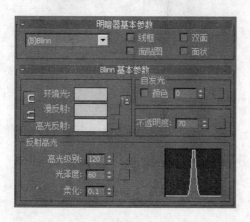

图 12-56　设置壁挂玻璃材质参数

图 12-57　位图贴图

（6）　为"反射"通道指定"光线跟踪"贴图类型。返回上层材质面板，将"反射"通道的强度值设为 10。

（7）　这样就完成了，双击材质小球查看其材质效果，如图 12-59 所示。在视图中选择墙上的壁挂玻璃，单击![按钮]按钮把材质赋予物体。

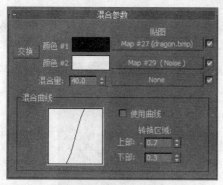

图 12-58　"混合"贴图参数

图 12-59　壁挂玻璃材质效果

12.2.5　制作顶灯材质

（1）　下面制作顶灯的材质。选择一个材质样本示例球，在"明暗器基本参数"卷展栏中的下拉列表框中将着色器方式选择为 Blinn，"高光级别"设为 100，"光泽度"设为 36，将"漫反射"和"高光反射"的色彩值均设为红绿蓝（255，255，255）。展开"扩展参数"卷展栏，参照图 12-60 所示设置其扩展参数。

（2）　这样就完成了该材质的制作，双击材质球预览该材质的材质效果，如图 12-61
所示。在视图中选中顶灯模型，在材质编辑器中单击 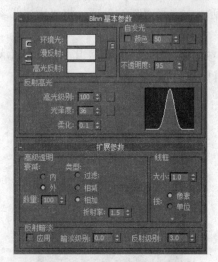 按钮，将材质赋予物体。

图 12-60　设置顶灯材质参数

图 12-61　顶灯材质效果

12.3　设置卧室灯光

12.3.1　设置摄影机

（1）　单击 "摄影机"按钮，在面板中单击"目标"按钮，在视图中创建一架目标
摄影机，使用移动工具调整其位置和角度如图 12-62 所示，摄像机在 Z 轴方向上的高度设
置为 1700，这样可以以人的视角来观察整个场景。

（2）　在修改命令面板的"参数"卷展栏中修改摄影机的属性，将"镜头"焦距设为
28.0 mm，其余参数设置如图 12-63 所示。

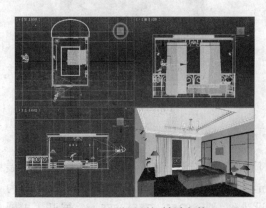

图 12-62　设置顶灯材质参数

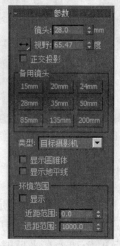

图 12-63　顶灯材质效果

（3） 进入透视图，按 C 键切换至摄影机视图，按 F9 键进行快速渲染，查看渲染效果，如图 12-64 所示。

图 12-64 设置材质后的场景效果

12.3.2 创建主灯光

（1） 最后给场景模型添加灯光效果。进入  命令面板，单击  按钮，进入灯光创建面板，单击"泛光灯"按钮，创建一盏泛光灯作为一个顶灯的灯光。

（2） 选择"编辑"/"克隆"命令，复制泛光灯，将复制方式选择为"实例"选项，重复这个过程，得到总共 6 个泛光灯。使用移动工具调整各个位置，使每个泛光灯按圆形排列，分别对应于一盏顶灯，如图 12-65 所示。

（3） 选择一盏泛光灯，进入修改命令面板，勾选"阴影"选项组中的"启用"复选框，打开阴影参数面板，将"倍增"参数设置为 0.16，在"阴影参数"卷展栏中将"密度"设为 0.78，如图 12-66 所示。

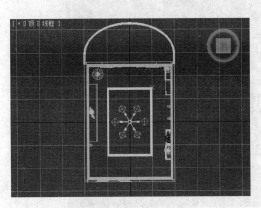

图 12-65 创建主灯光

图 12-66 设置泛灯光基本参数

（4）下面在模型下方创建泛光灯来模拟地面对灯光的反射。单击"泛光灯"按钮，在地板下方创建一盏泛光灯。使用"克隆"工具进行复制，得到另外 3 盏泛光灯，将复制方式选择为"实例"选项，如图 12-67 所示。

（5）选择一盏泛光灯，进入修改命令面板，取消"阴影"选项组中的"启用"复选框，关闭阴影参数面板，将"倍增"参数设置为 0.27，如图 12-68 所示。

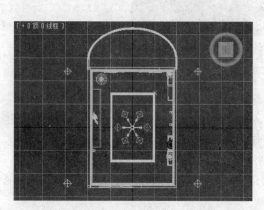

图 12-67　创建侧面辅助灯光

图 12-68　设置泛灯光基本参数

（6）这样创建的灯光对场景中所有的对象都有照明作用，而反射光主要是照亮天花板和顶灯。单击"排除/包含"按钮，在弹出的"排除/包含"对话框中选择"包含"和"照明"单选按钮，并将天花板和顶灯添加到右侧区域，如图 12-69 所示。

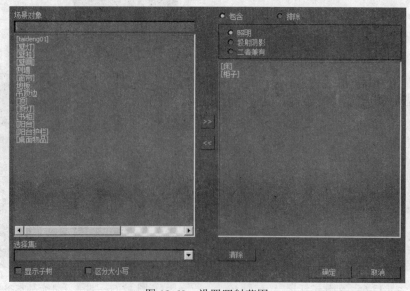

图 12-69　设置照射范围

（7）按 F9 键，进行快速渲染。查看渲染效果如图 12-70 所示，可以看到天花板的光照效果已经完成了。

（8）观察渲染效果图可以看出，床体和柜子等家具的侧立面部分基本上没有光照。下面就创建灯光来模拟顶灯照射到墙体上后反射回来的光线。在灯光创建面板中单击"泛光灯"按钮，在顶视图中创建两盏泛光灯，其位置如图 12-71 所示。

图 12-70　添加地板辅助灯光后的场景效果

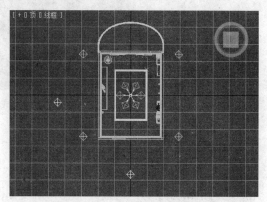

图 12-71　创建侧面辅助灯光

（9）选中泛光灯，进入修改命令面板，参照图 12-72 所示设置其参数，将"倍增"参数设为 0.1。

（10）单击"排除/包含"按钮，在弹出的"排除/包含"对话框中选择"包含"和"照明"单选按钮，并将床和柜子添加到右侧区域，如图 12-73 所示。

图 12-72　设置泛光灯基本参数

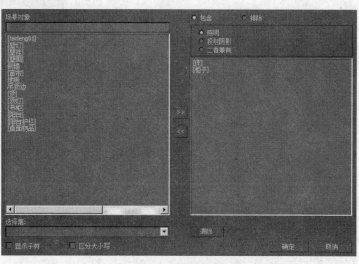

图 12-73　设置照射范围

（11）按 F9 键，进行快速渲染。查看渲染效果如图 12-74 所示，家具的照明效果已经得到了明显的改善，这样整体灯光就设置完成了。

图 12-74　完成的整体灯光效果

12.3.3　创建局部灯光

（1）　在灯光创建面板中单击"目标聚光灯"按钮，在台灯灯罩位置创建一个目标聚光灯，向正下方照射，调整其位置和角度如图 12-75 所示。

（2）　选中聚光灯，进入修改命令面板，将"倍增"参数设为 1.1，勾选"远距衰减"选项组中的"使用"和"显示"复选框，打开远距离衰减，并参照图 12-76 所示设置其参数。

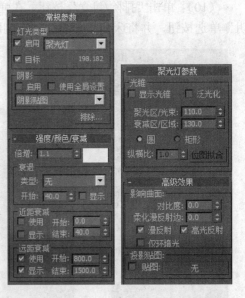

图 12-75　创建台灯下的聚光灯　　　　图 12-76　设置聚光灯基本参数

（3）　使用"克隆"工具复制该聚光灯，使用移动工具将复制得到的聚光灯移置另一盏台灯下。

（4）　实际中的台灯会有一部分灯光从顶端向上照射过来，光照强度不是很强，但是仍然很明显。在灯光创建面板中单击"目标聚光灯"按钮，创建一盏向上照射的聚光灯，如图 12-77 所示。

（5）　选中聚光灯，进入修改命令面板，将"倍增"参数设为 0.5，勾选"远距衰减"选项组中的"使用"和"显示"复选框，打开远距离衰减，并参照图 12-78 所示设置其参数。

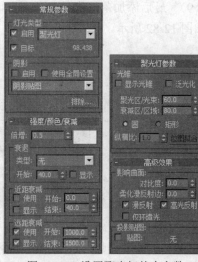

图 12-77　添加台灯向上的聚光灯　　　　图 12-78　设置聚光灯基本参数

（6）　使用"克隆"工具复制该聚光灯，使用移动工具将复制得到的聚光灯移置另一盏台灯下。按 F9 键进行快速渲染，查看台灯向上照射的灯光效果，如图 12-79 所示。

图 12-79　完成的台灯灯光效果

（7）　继续创建聚光灯，将其置于壁灯下，如图 12-80 所示。进入修改命令面板，将其"倍增"参数设为 0.7。

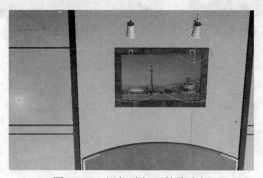

图 12-80　添加壁灯下的聚光灯

（8）　使用"克隆"工具复制该聚光灯，在每个壁灯下都添加一盏聚光灯。按 F9 键进行快速渲染，查看壁灯的灯光效果，如图 12-81 所示。

（9）　最后添加落地灯的灯光效果。为落地灯创建一盏向下的聚光灯，以及一盏泛光灯，如图 12-82 所示。

图 12-81　壁灯灯光效果

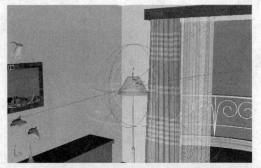

图 12-82　创建落地灯的光源

（10）　选中聚光灯，进入修改命令面板，将"倍增"参数设为 1.1，勾选"远距衰减"选项组中的"使用"和"显示"复选框，打开远距离衰减，并参照图 12-83 所示设置其参数。

（11）　按 F9 键进行快速渲染，查看渲染效果，如图 12-84 所示。

图 12-83　设置聚光灯基本参数

图 12-84　渲染效果图

附录 A 习 题 答 案

第 1 章

1. 填空题

（1） Autodesk
（2） 红、绿、蓝
（3） 建立模型、设置材质、创建灯光、创建动画、渲染合成输出
（4） 长镜头

2. 选择题

（1） B   （2） B   （3） D

第 2 章

1. 填空题

（1） 透视图   （2） 修改器   （3） 创建的序号
（4） Ctrl   （5） 体积   （6） 空格
（7） 几何中心

2. 选择题

（1） C （2） D   （3） B （4） A （5） D   （6） B

第 3 章

1. 填空题

（1） 经纬线，小三角形
（2） "壶体"、"壶把"、"壶嘴" 和 "壶盖"
（3） "结"、"圆"、"结"、"圆"
（4） 扩展
（5） 在渲染中使用，厚度
（6） 直线

2. 选择题

（1） A   （2） C   （3） C   （4） A
（5） B   （6） B   （7） D

第 4 章

1. 填空题

（1） 冻结堆栈的当前状态

（2） 使对象的变形受到上下方向的限制

（3） 确定是否显示堆栈中的其他修改器的作用结果

（4） 少

（5） 将一个二维模型对象突出形成一个三维立体对象

（6） 噪波

2. 选择题

（1） A　　　（2） B　　　（3）D　　　（4）C

第 5 章

1. 填空题

（1） 点曲线、CV 曲线

（2） 顶点、边、面、多边形、元素

（3） 光滑　　　　　　　（4） 网格

（5） 柔化　　　　　　　（6） 内、外

（7） 弧度

2. 选择题

（1） D　　　（2） B　　　（3） B　　　（4） C

第 6 章

1. 填空题

（1） M

（2） 从对象拾取材质

（3） "各向异性"，"Blinn"，"金属"，"多层"，"Oren-Bayar-Blinn"，"Phong"，
"Strauss"和"半透明明暗器"。

（4） 多维/子对象

（5） 超级采样

（6） 2，1

（7） 不能，不会

2. 选择题

（1） B　　　　　（2） C　　　　　（3） A

第 7 章

1．填空题

（1）内建式

（2）图像中颜色的强度值

（3）白色、黑色

（4）贴图坐标

（5）高光区域

（6）Alpha 通道或输出值

（7）置换

2．选择题

（1）D （2）A （3）C

第 8 章

1．填空题

（1）锥

（2）泛光灯

（3）大、小

（4）mental ray

（5）目标、自由

（6）摄影机本体、目标

（7）小

（8）前、大

2．选择题

（1）B （2）D

第 9 章

1．填空题

（1）白色 （2）整个场景 （3）密度

（4）无关，平行于 （5）球 （6）低

（7）大气装置 （8）可以

2．选择题

（1）A （2）C

第 10 章

1. 填空题

（1）关键帧、运动路径

（2）15、24、25、30

（3）显示场景结构、指定动画编辑器、编辑关键点、视频音频合成

（4）关键点编辑工具、关键点切线工具、曲线编辑工具

（5）过滤器

（6）接近关键点时变化减速

（7）周期，跳跃

（8）滑动关节

（9）函数曲线

（10）范围、减慢

2. 选择题

（1）A　　　　　　　（2）B

第 11 章

1. 填空题

（1）在视图中显示的粒子数量、被渲染的粒子数

（2）开始，0

（3）集中波纹

（4）力

（5）大

（6）"力"、"导向器"

2. 选择题

（1）B　　（2）C　　（3）A　　（4）C